U0337947

互层顶板工作面开采覆岩破坏及近距离下层位巷道布置研究

肖福坤　侯志远　鲁鹏飞　著

中国矿业大学出版社

·徐州·

内 容 提 要

本书针对互层顶板工作面冒顶及近距离煤层巷道布置的技术难题,运用理论分析、室内试验以及数值模拟等方法,深入研究了互层岩体的协同破坏特征、互层顶板的破断特征以及矿压显现规律,确定了互层顶板下近距离煤层下层位巷道应力状态及布置形式。

本书可供煤矿工程技术人员和相关研究院所人员学习借鉴。

图书在版编目(CIP)数据

互层顶板工作面开采覆岩破坏及近距离下层位巷道布
置研究 / 肖福坤,侯志远,鲁鹏飞著. — 徐州:中国
矿业大学出版社,2024.12. — ISBN 978-7-5646-6376-6

Ⅰ. TD823.4;TD822

中国国家版本馆 CIP 数据核字第 20246KT254 号

书　　名	互层顶板工作面开采覆岩破坏及近距离下层位巷道布置研究
著　　者	肖福坤　侯志远　鲁鹏飞
责任编辑	耿东锋　满建康
出版发行	中国矿业大学出版社有限责任公司
	（江苏省徐州市解放南路　邮编 221008）
营销热线	(0516)83885370　83884103
出版服务	(0516)83995789　83884920
网　　址	http://www.cumt.com　E-mail:cumtpvip@cumt.com
印　　刷	江苏淮阴新华印务有限公司
开　　本	787 mm×1092 mm　1/16　印张 8　字数 205 千字
版次印次	2024 年 12 月第 1 版　2024 年 12 月第 1 次印刷
定　　价	32.00 元

（图书出现印装质量问题,本社负责调换）

前 言

由于煤炭形成于地层沉积作用,而沉积岩中的 70% 均为层状结构,这就导致煤层上覆岩层大部分为层状岩体结构。软硬互层岩体是一种特殊的层状岩层结构。软岩主要体现为该类岩层岩性较软,如泥岩、黏土岩、泥质粉砂岩等,或者是该类岩层的整体性较差,破碎程度较大。硬岩主要指各类砂岩、石灰岩等,其本身岩性较硬、完整性较好。软硬互层巷道顶板为岩性差异较大的非均质层状岩体,煤层开采过程中工作面超前区域煤层、巷道围岩以及区段煤柱应力集中区内顶板岩层同步破断,极易导致顶板出现无征兆离层冒落现象。同时,由于顶板岩层中缺少厚而坚硬的关键岩层,工作面推进过程中同样面临强矿压显现,给工作面顶板管理带来巨大挑战,继而严重影响矿井的安全高效开采。

本书以互层顶板工作面矿压特征为研究背景,以互层岩体协同破坏为研究主线,采用室内试验、理论分析、相似模拟以及数值模拟相结合的研究方法,探索不同软硬组合形式下互层岩体的协同破坏特征,分析互层顶板工作面矿压与结构失稳演化特征,提出互层顶板下近距离煤层下层位巷道布置优化方案,研究成果对进一步掌握层状岩体的破坏特征具有重要意义。

在本书的撰写过程中,得到了黑龙江科技大学刘永立教授、秦涛教授、陈刚教授、李伟教授、刘志军副教授、刘刚副教授、傅永帅副教授、侯宪港讲师、迟学海讲师,龙煤鸡西矿业有限责任公司赵圣雷高工、程强高工、于树雷高工、吴喜昌高工等的关心和指导,在此表示衷心的感谢。同时,感谢黑龙江省煤矿深部开采地压控制与瓦斯治理重点实验室、黑龙江省普通高校采矿工程重点实验室等单位对本书出版给予的大力支持。感谢课题组研究生徐雷、单磊、谢锴、高毅仁、赵倩、张晓燕、顾缘、吴攀、劳志伟、莫嵘桓等在书稿排版和校对时所提供的帮助。

本书的出版得到黑龙江省自然科学基金重点项目"煤矿冲击-突出耦合动力灾害发生机理与控制研究"(编号:ZD2021E006)、国家自然科学基金项目"基于细观结构的蠕变型冲击地压发生机理与控制研究"(编号:52174075)、黑龙江科技大学引进高层次人才科研启动基金项目"互层顶板工作面开采覆岩破坏及下层位巷道布置研究"(编号：HKDQDJ202401)等的支持。

互层顶板及近距离煤层矿山压力问题十分复杂，有许多理论、实践问题仍有待进一步深入研究。由于水平所限，书中难免存在不妥之处，敬请读者和相关专家批评指正！

著　者

2024 年 5 月

目　　录

第1章 绪 论

1.1 选题目的及意义

由于煤炭形成于地层沉积作用,而沉积岩中的 70% 均为层状结构,这就导致煤层上覆岩层大部分为层状岩层结构[1-3]。软硬互层岩体是一种特殊的层状岩层结构。软岩主要体现为岩层岩性较软,如泥岩、黏土岩、泥质粉砂岩等,或者是该类岩层的整体性较差,破碎程度较大。硬岩主要指各类砂岩、石灰岩等本身岩性较硬、完整性较好。软硬互层巷道顶板为岩性差异较大的非均质层状岩体,煤层开采过程中工作面超前区域煤层、巷道围岩以及区段煤柱应力集中区内顶板岩层同步破断,极易导致顶板出现无征兆离层冒落现象,难以形成承载结构。如图 1-1 所示,顶板断裂主要包含硬岩层的单一断裂和软岩互层的联动断裂,煤层上方直接顶板形成软-硬-软-硬互层结构,在工作面回采后,悬臂端达到承载极限而断裂,由于泥岩与砂岩的粘连作用,砂岩断裂裂纹将延伸至泥岩内部,最终形成软岩互层层组的联动破坏(室内软硬互层顶板断裂试验结果也印证了该结论),这种断裂形式受互层顶板的厚度及岩性等多因素耦合影响,尤其进入深部开采阶段煤岩处于高应力场,矿压显现规律更加复杂。同时,由于顶板岩层中缺少厚而坚硬的关键岩层,工作面推进过程中同样面临强矿压显现,给工作面顶板管理带来巨大挑战,继而严重影响矿井的安全高效开采。

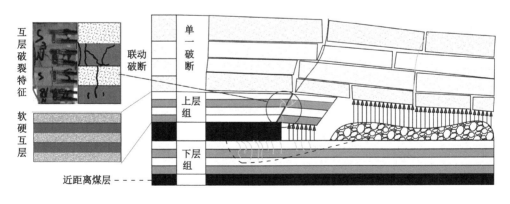

图 1-1 软硬互层顶板、底板联动断裂示意图

某煤矿 2# 煤层 2201 工作面顶板为典型的泥岩与砂岩互层结构顶板,工作面回采过程中出现多次顶板突然来压现象且来压规律紊乱,引起工作面及三角区出现无征兆冒顶事故,如图 1-2 所示。初步分析原因为顶板泥岩与砂岩间协调变形的导致,由于泥岩承载能力远小于砂岩先发生破坏,继而诱发顶板岩层整体发生破断下沉,造成顶板突然来压现象。泥岩与砂岩具有各自的变形特征,二者组合后其变形特征以及互层顶板的破断特征目前尚

不清楚,为此有必要以2201工作面互层顶板的破坏特征为切入点,深入挖掘互层岩体间的协同作用特征与矿压变化特征。

（a）工作面冒顶　　　　　　　　　　　　　　（b）巷道三角区冒顶

图1-2　某工作面与巷道冒顶事故图

2#煤层与其下方的5#煤层为典型的近距离煤层(间距11.7 m),并且煤层间岩层为互层岩体结构,如图1-3所示。近距离煤层上位煤层开采后将引起底板应力重新分布,在超前支承压力与剪切滑移作用下将会引起互层底板的破坏。同时,上位煤层开采后遗留的区段煤柱将造成应力集中,应力集中区内互层底板同样发生破坏。因此,在互层底板与近距离开采双重影响下,5#煤层巷道控制难度将大大增加。而提高围岩控制能力一般需先优化巷道的布置,然后提高围岩控制强度。优化巷道布置可以改善围岩的应力环境,从内在结构调整上提高围岩的稳定性;提高围岩控制强度可以加强围岩力学性质,提高围岩自身承载能力[4]。

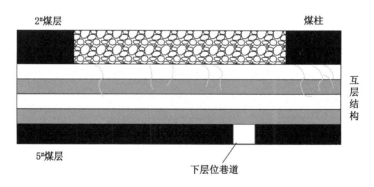

图1-3　近距离煤层开采互层结构示意图

本书首先在总结层状顶板破坏与近距离煤层巷道布置优化研究现状基础上,以软硬互层顶板、底板开采过程中破断及近距离煤层下层位巷道布置为背景,以软硬互层顶板为研究对象,开展软硬互层岩体的室内试验研究,分析软硬互层岩体的协同破坏特征、力学响应及声学演化规律;其次,分析软硬互层顶板破断演化规律,模拟开采过程中软硬互层顶板破断、矿压显现及应力场分布,以现场矿压观测验证软硬互层顶板压力显现规律;最后,在互层顶板对覆岩影响下,分析近距离煤层互层底板破坏范围,通过煤柱宽度、巷道位置及支护形式等因素探索下层位巷道围岩控制技术。研究成果将有助于进一步掌握互层结构岩体的破坏特征,对类似工程地质条件下围岩控制具有重要的参考意义。

1.2 国内外研究现状

煤矿灾害事故发生频次较高的顶板问题,尤其是特殊顶板问题一直是学者们研究的热点。对于层状顶板问题,学者们分别从力学机理方面出发,对层状顶板的力学模型进行了系统研究,利用数值模拟与室内试验方法对层状岩体的变形破坏特征进行了分析,利用现场观测与相似模拟技术对层状顶板的矿压特性进行了总结。在近距离煤层巷道布置优化方面,学者们分别利用理论分析、数值计算以及试验研究的方法对煤层间压力演化、围岩塑性破坏规律以及巷道合理位置进行了探讨。

1.2.1 互层岩体力学机理研究

针对互层岩体的强度准则与本构关系问题国内外学者们已经取得一系列研究成果。Jeager[5]首先对层状岩体的力学机理进行研究,提出考虑层状岩体单一弱面结构的剪切破坏理论。随后,Duveau 等[6]结合层间内聚力与层状岩体倾角的变化关系,以 Mohr-Coulomb(莫尔-库仑)准则为基础,对 Jeager 准则进行了改进。Tien 和 Kuo[7]基于两种不一样的岩石破坏模式:不连续性滑动的滑动模式和岩石材料控制的非滑动模式,提出了横向各向同性岩石的新破坏准则——强度破坏准则,还提出最初的 Jeager 准则和改良过的 Jeager 准则是 Tien-Kuo 准则特殊情况。Tien 等[8]在研究各向异性岩石的本构规律和破坏准测过程中,通过一系列实验室力学试验,对比了人工夹层(互层)岩石与原岩夹层(互层)岩石的力学性质,发现人工夹层能较好地模拟自然岩体的各向异性行为。Hoek[9]结合层状岩体的结构特点,修正了 H-B 模型(一种流变模型)中的特征参数,对含一组各向异性水平分布结构面岩体的强度特征进行了研究。Yang 等[10]以岩体抗剪强度为出发点,对层状岩体中潜在破裂位置进行了预测研究。Shi 等[11]以及我们课题组[12]建立了简单的层状岩体各向异性强度预测模型,并用现有的试验资料进行了验证。随后,在 Hoek-Brown(霍克-布朗)准则基础上又提出考虑层状岩体倾角情况下预测岩体强度的方法。Asadi 等[13]在已有的 Jeager 准则和 Tien-Kuo 准则上引入了一个优化的 Mohr-Coulomb 准则,提出的修正准则可用以估计边界不连续的各向异性岩石的滑动破坏和非滑动破坏强度。

我国学者黄锋等[14]通过实验室力学试验方法,研究了单轴、三轴加载状态下互层岩体的力学特性及破坏机制,发现软岩层厚度与其抑制裂缝发展能力存在正相关性,同时三轴试验中围压的增加会增强互层岩体的剪切破坏。鲜学福等[15]深入研究了层状岩体的变形问题,并在研究中充分考虑岩层间的内聚力作用。宋建波[16]以 H-B 模型为基础,利用三轴试验对其计算方法与经验参数进行了改进,并以此来评估层状岩体强度。Kafshdooz 等[17]将层状岩体的破坏形式进行分类,结合力学理论分析了层状岩体中各岩层间相互作用力。刘军等[18]针对层状岩体水作用下的剪切滑移问题,建立了包含水触发因素的层状岩体尖点突变模型,分析了水对层状岩体失稳的影响作用。张顶立等[19]对含软弱夹层的层状岩体力学性质进行了研究,分析了含弱夹层层状岩体的力学特征,并建立了相应的岩体稳定性判据。沙鹏等[20-21]和赵逸文[21]在 Jaeger-Donath(耶格-多纳特)与 Mogi-Coulomb(茂木-库仑)强度准则的基础上,考虑层状岩体结构面产状与初始地应力问题对 K_2 与 K_3 系数进行了修正,提出适用于层状岩体的工程质量 BQ 分类方法。高敏[22]首先对层状岩体的各向异性进行了分析,然后基于层状岩体的拉压剪试验对 Jaeger 强度准则与单一弱面拉伸强度准则进行了修正,最后基于 Drucker-Prager(德鲁克-普拉格)准则建立了层状岩体各向异性的本构模型关系。李良权等[23]在 Hoek-Brown 准则判据的基础上,引入了岩体各向异性强度准则,给出了一种改进的 Hoek-Brown 强度判据,并采用分层岩石的参数敏感度和试验进行了验证。阳军生等[24]根据沿层理面的分层岩体的滑动和非滑动破坏两种不同的失效类型,建立了一个体现其强度特征的非线性失效判据,用于预测分层砂岩的强度。张玉军等[25]以各向异性修正后的 Hoek-Brown 准则,推导出其数值计算公式,利用数值计算方法对层状岩体中倾角因素对岩体稳定性方面影响进行讨论。王建秀等[26]将层状岩体视为横观各向同性的材料,同时引入各向异性参数耦合 Hoek-Brown 准则,建立了层状复合顶板强度准则。余振兴等[27]为探究层状岩体隧道的塑性区与塑性压力分布问题,以 Hoek-Brown 准则为基础推导出层状岩体塑性场的表达式,并获得相应的塑性半径与塑性压力解。刘运思等[28]以 Hoek-Brown 准则为基础结合圆盘的平面应力问题,利用弹性力学理论知识建立了包含层理角度的层状岩体抗拉强度公式,并结合巴西圆盘劈裂试验对公式中参数进行了赋值。刘卡丁等[29]根据层状岩体的各向异性特性,建立了其抗剪强度参数的经验公式,并将其与已有的试验数据进行比较,进而对其抗剪强度参数值变化规律、应力状态、层面与外加载方向等因素的影响进行了分析。

在互层岩体本构模型研究方面,杨春和等[30]在考虑互层岩体内不同岩层力学特性不同的基础上,以互层盐岩体为例建立了考虑宏-细观弯曲效应的 Cosserat(科瑟拉)介质扩展本构模型。姚锡伟等[31]利用含拉伸截断的 Mohr-Coulomb 准则分别表征双弱面层状岩体中的弱面与基质体,建立了含双弱面的层状岩体本构模型。史越等[32]以随机损伤理论与柯西转轴方程为基础,将方程约束为横观各向同性体建立了层状岩体载荷下的损伤本构模型。王者超等[33]和我们课题组[34]根据弹性力学、广义塑性力学的基本原理,建立了横观各向同性弹塑性本构模型,对横向、垂直层理炭质板岩的蠕变行为进行了分析,并通过对实验室试验结果的分析,给出了两种确定本构模型的参数的方法。韩昌瑞等[35]将各向异性弹性本构方程与C++程序相结合,得到了横观各向同性的弹塑性本构关系,应用这种本构模型对共和隧道进行了数值仿真,其破坏特性与理论计算结果基本一致,说明可以应用于隧道的支护设计和稳定分析。黄书岭等[36]建立现场真三轴试验岩样的三维合成岩体计算模型,与现场试验结果对比表明,所提出的本构模型在描述多节理岩体力学特性方面是可行的、合适的。左双英等[37]以 FLAC3D 为基础,根据层状岩体的力学行为和变形破坏机制,建立反映横观各向同性的层状岩体各向异性模型。Xu 等[38]基于所建立的模型,提出了一种损伤指数来估算层状岩体在开挖过程中的损伤程度,常规单轴试验的数值模拟表明,模型的破坏模式和强度预测与物理模型试验结果吻合较好,在识别层状岩体破坏方面,指数分布也比塑性区分布更有效。Wang 等[39]将屈服准则和塑性势表述为广义八面体剪应力和应力张量第一不变量的函数来描述塑性行为,利用广义胡克定律描述弹性行为,提出了横观各向同性岩石的弹塑性本构模型。Amadei[40]为研究岩石各向异性及地球曲率对岩体内地应力的影响,对现有的弹性本构模型及模型参数进行了总结,并以三轴试验为例进行了探讨分析。Semnani 等[41]建立了一种热塑性框架,用以模拟热力学耦合,利用一般的临界状态塑性框架和各向异性的 Cam-Clay 模型(剑桥模型)的具体框架,对横观各向同性材料中剪切带的起始进行预测。Trzeciak 等[42]提出了一种考虑有限加载时间的本构拟合方式,其拟合结果与层状页岩的蠕变试验数据集拟程度较好。Parisio 等[43-44]基于各向同性连续损伤模型,建立了岩体的各向异性塑性本构关系。

1.2.2 互层岩体变形与破坏特征研究

国内外学者针对互层岩体变形破坏特征进行了一系列的研究,其中研究方法主要为室内试验与数值模拟,聚焦问题主要针对岩层厚度变化、倾角变化、强度变化以及赋存条件对岩体性质的影响。

在互层岩体的试验研究方面,张桂民等[45]以倾角、夹层和节理面为变量,通过一系列实验室物理试验研究了互层盐岩在单轴加载状态下的变形破坏规律,研究发现,节理面倾角小于 30°时岩体破坏受硬岩层控制,节理面为 45°～75°时受较弱岩层的剪切滑移破坏控制。侯振坤等[46-49]为研究页岩的破坏机制,通过对不同层理面倾角下的龙马溪组页岩试样进行单轴和三轴压缩试验,研究了页岩试样抗压强度、变形特征及破坏模式的各向异性,其中页岩试样的破坏方式主要分为沿层理的张拉劈裂破坏和复合剪切破坏、沿层理的剪切滑移破坏、贯穿层理的张拉破坏和剪切破坏(共轭剪切破坏)以及贯穿层理和沿层理的复合剪切破坏,研究表明破坏机制、破坏模式及抗压强度依次确定其各向异性。张冬冬等[50]对层状岩体中基质与层面的结构效应进行了讨论分析,基质结构效应方面主要探讨了基质比重对层状岩体力学性质的影响,层面结构方面主要探讨了层理密度与层理角度的结构效应。刘运思等[51-52]利用霍普金森杆对层状板岩的动态拉伸能量耗散与破坏过程进行了探讨,认为加载速率与板岩的动态拉伸强度、耗散能密度正相关,层理角度与耗散能密度同样呈正相关关系。腾俊洋[53]分析了含水率对层状岩体强度的影响,发现层状岩体含水率与强度间具有线性关系,含水率越高岩体的强度越低。Zhang 等[54]以层状岩体的层数为出发点进行三轴压缩试验研究,发现围压越大试样的峰值强度与峰值应变越大,并且层数越多的试样峰值强度与内聚力越低,破碎程度越严重。Huang 等[55]开展层状岩体三轴应力状态下的渗透特征研究,发现水力压力的增大使层状岩体的峰值强度降低,同时会加速裂缝的扩展,显著提高层状岩体的峰值渗透率。Zuo 等[56]对七种倾角下白云岩进行单轴压缩试验研究,分析了倾角对抗压强度与弹性模量的影响,并在横观各向同性模型和塑性力学流动规律的基础上进一步建立了相应的各向异性本构模型。Yang 等[57]对含软弱夹层的层状岩体进行试验研究,认为该岩体倾角在 0°～90°之间的强度呈先减小后增大的单峰变化趋势,倾角 60°时强度与应变值最低,并以此为基础进一步探讨软弱夹层岩体的锚固角度。Zhao 等[58]对层状裂隙岩体的破裂问题进行了探索,发现层状裂纹试样的变形和强度行为主要取决于垂直裂隙的几何构型,对岩体强度影响由强到弱依次为裂隙数、裂隙长度、裂隙宽度。Jiang 等[59]为探索热-力耦合作用下层状板岩的力学机制,进行了 0°～90°层理板岩在 20～150 ℃下的三轴压缩试验,发现 20 ℃、100 ℃和 150 ℃下岩石的萌生应力与层理角呈近似 W 形关系,60 ℃下岩石的萌生应力曲线与层理角呈近似 V 形关系,同时构建了热-机耦合条件下层理板岩的统计损伤本构模型。Lu 等[60]对煤与砂岩层状复合体进行了真三轴渗透率试验,发现渗透率随主应力的增大而减小,同时考虑煤岩各向异性和复合煤岩体的应力差异,提出了真三轴应力条件下层状复合煤岩的渗透率模型。

数值模拟已经成为岩土问题的重要手段,学者们分别利用有限差分、有限元以及离散元的方法对互层岩体破坏问题进行探索。Debecker 等[61]基于 UDC 模拟,分析了板岩节理不同方向对细观破坏、抗压强度和裂纹发展的影响,认为岩石能量的演化受层间内部结构控制。Chiu 等[62]采用离散元法模拟了岩石节理面上的失效模式,结果表明,相同应力条件下,模拟结果与试验结果相对应,并且一致性较已有的模型更好。Lin 等[63]为了研究层状岩体在不同压缩状态和不同层倾角下的抗压强度,利用 FLAC3D 对不同倾角下的层状岩体模型进行常规三轴压缩和真三轴压缩模拟试验,结果表明,在常规三轴压缩下,试件的抗压强度随着层倾角(0°~90°)的增大先减小后增大,在真三轴压缩下,试件的抗压强度与最小主应力的方向和中间主应力的大小关系密切。李华炜等[64]针对综采面液压支架合理配置问题,运用数值模拟和理论计算的手段对大倾角煤层复合顶板综采面不同支架阻力上覆岩层移动规律进行了分析并确定了工作面合理的支护参数,提出了两柱掩护式液压支架方式。常博等[65]基于离散元数值模拟软件 3DEC,结合现场实测的裂隙分布、锚杆拉力数据,分析研究了急倾斜煤岩互层中巷道的变形特征和机理。徐鹏等[66]通过 FLAC3D 建立不同蠕变参数复合而成的岩样数值模型,研究其在不同层间距、复层岩体积比和互层界面角下的蠕变特性,结果表明,与复合岩层间距、互层界面角相比,复层岩体积比对复合岩层的蠕变特性影响更大;当复层岩体积比相同时,层间距对复合岩样的稳定蠕变速率影响不大。熊良宵等[67]通过 FLAC3D 对绿片岩和大理岩所构成的复层岩体在单轴压缩下的蠕变特性进行研究,结果表明,复层岩体的破坏强度与轴向荷载作用在大理岩夹层时的夹角密切相关;大理岩夹层倾角以 60°为界,层倾角高于 60°时,复合岩体的抗压强度随着层倾角的增大而增大,层倾角低于 60°时,复合岩体的抗压强度随着层倾角的增大而减小。Wen 等[68]通过物理试验和数值模拟相结合的方法,研究了应变速率、层倾角等因素对复层岩体力学性质的影响,结果表明,在半对数图中,岩石强度与应变速率近似呈线性关系;在相同应变速率下,随着层倾角的增大,复层岩体的强度先减小后增大。Cao 等[69]利用 PFC 软件研究了层状岩体内部裂隙倾角和贯通缺陷对层状岩体的影响。Li 等[70]探究了在水力压裂条件下裂隙在层状岩石中的扩展演化特性,并分析了界面断裂能和岩层厚度的关系。Jourde 等[71]对层状裂隙岩体的渗透特性进行了数值模拟分析,发现层理间的垂直距离与层理水平面的隔水能力对岩体的渗透特性影响显著。Huang 等[72]利用离散元计算方法对层状岩体的水力压裂特征进行模拟分析,分别讨论了刚韧比以及层间压力对压裂深度的影响。贾蓬等[73]利用有限元应力分析软件(RFPA2D)模拟层状顶板巷道围岩在不同侧压及厚跨比条件下变形破坏过程,结果表明,侧压与水平层状岩层破坏范围呈反比关系,厚跨比与顶板岩梁的稳定性呈正比关系。

综上所述,学者们在互层岩体破坏特征研究方面的研究主要考虑层理角度、岩层厚度、岩层强度以及层间结构中的单个或多个因素,有效揭示了层状岩体的强度、变形、破裂、渗透以及热-力耦合等特征。但软硬互层结构岩体相关研究,尤其是互层岩体间协同破坏特征研究还鲜有报道。因此,基于软硬互层顶板的结构特征,以室内试验尺度对软硬互层岩体进行研究,将有助于进一步掌握软硬互层岩体的破坏特征。

1.2.3　互层顶板矿压特征研究

层状岩体中较为常见的是复合顶板,通常指的是由若干层裂隙和节(层)理发育、分层厚度较小、强度较低的软弱煤岩体相间构成的层状岩体[74]。由于互层顶板的特殊结构受地应力及采动影响极易引发冒顶、片帮等安全事故,因此为防止互层顶板事故发生,学者们针对互层顶板的矿压特征开展了一系列研究。

苏帅[75]为了对大倾角复合顶板巷道支护进行优化设计,通过大倾角复合顶板巷道的变形特征以及破坏机理研究,根据数值模拟对该巷道不同断面及支护方式进行分析并结合现场矿压监测数据,提出采用斜梯形断面并加强对巷道关键部位支护的方式,对阻止巷道的变形破坏有较好的效果。王旭峰等[76]为解决大倾角"三软"煤层回采巷道整体承载力较低,围岩变形较大的问题,通过分析巷道模型的顶板、两帮、底板岩层的受力情况,确定围岩变形的关键部位,并对其进行支护优化。罗霄[77-78]以水平应力与垂直应力影响下顶板平衡拱演化规律为出发点,研究发现平衡拱高度随侧压系数的增大而减小,相应的顶板安全厚度也随之降低,并以此为基础对传统的普式平衡拱理论进行了修正。李鹏等[79]利用数值模拟与井下试验相结合的方法对层状顶板层面的正应力与切应力分布规律进行研究,发现层状顶板在矿山压力作用下层面上的剪应力呈非对称分布,并且最大剪应力直接影响围岩支护效果。贾后省等[80-81]以蝶形塑性区理论为基础,对蝶形塑性区在层状岩体中分布特征进行讨论,结果表明层状岩体中蝶形塑性区具有隔层传递的特征,蝶形区的穿透力主要受蝶形区面积、蝶形区方向以及岩层倾角影响。郑志军[82]通过对含软弱夹层顶板冒落机理研究发现,塑性区会穿过坚硬顶板在软弱夹层中形成塑性破坏,使软弱夹层产生巨大的"膨胀"压力和强烈变形,而下方坚硬岩层反过来受到软弱岩层"膨胀"载荷影响极易发生破断。肖宇[83]利用理论分析与数值模拟的方法对复合顶板的破坏因素进行了探讨,认为层间岩性的差距以及巨大水平应力是复合顶板离层破坏的主要原因,水平应力与垂直应力相差越大,相应的塑性区范围也就越大。张钰[84]对复合顶板工作面过陷落柱的矿压特征进行了研究,认为复合顶板的破坏方式主要为拉伸破坏,工作面距离陷落柱越近来压步距越短,相应的周期来压频率越高。唐龙等[85]利用数值模拟与现场监测的方法对大倾角下互层顶板工作面矿压规律进行了分析,发现大倾角复合顶板工作面的卸压拱宽度、高度以及拱顶至上端头距离相比非复合顶板工作面分别高出 5 m、13 m 以及 3 m。马新根等[86-87]对复合顶板切顶卸压特征进行了研究,发现软弱夹层在顶板中极易发生破坏,软弱夹层位置对顶板的强度影响很大,当软弱夹层位于切顶层位中部时,巷道支护强度最大;当软弱夹层位于切顶层位下部时,巷道支护强度最小。王辉[88]针对中厚多软弱夹层复合顶板的破坏机理进行了的理论推导与数值模拟分析,认为中厚多软弱夹层复合顶板的离层条件主要包括载荷条件、弯曲变形条件以及剪切错动变形条件,并根据顶板的变形特征建立了"复合双梁"耦合作用模型。苏学贵[89]对特厚复合顶板围岩稳定性进行了研究,认为弯曲断裂离层与剪切错动离层为特厚复合顶板的主要破坏方式,并将浅部顶板视为"梁",深部顶板视为"拱",建立了梁-拱耦合作用的支护结构力学模型。马振乾[90]利用 FLAC3D 软件模拟了厚层软弱顶板的变形过程,通过正交试验设计法分析了不同因素对变形过程的影响程度,指出直接顶强度对顶板变形的影响最大,煤层强度对巷道帮部变形的影响最大,并提出了三种改善厚层软弱顶板巷道稳定性的方法。马念杰等[91]对岩层铰接成拱过程进行理论分析和公式推导,指出软弱夹层与顶板的距离与顶板的拉应力呈反比关系,且对顶板的稳定性具有较大的影响。杨吉平[92]通过相似模拟试验方法对互层顶板稳定性进行了深入的研究,借助 FLAC3D 模拟了薄层状顶板破坏演变过程,将物理模拟与数值模拟相结合,并通过理论计算分别推导出简固支条件下不同跨厚比的顶板破裂计算公式,以此作为顶板稳定性的重要依据。余伟健等[93-94]结合现场实践和理论分析深入研究了巷道围岩力学性质及其特点,并提出了顶板在高应力状态下巷道围岩变形控制技术。研究结果表明,复合层顶板下沉的主要原因为顶板厚度大且力学性质差,同时多存在软弱分层等特点,且变形时间长。

Yang 等[95]对软弱复合顶板工作面开采过程中覆岩破坏规律及矿压行为特征进行了数值模拟分析,认为薄基岩软弱复合工作面基本顶的断裂步距变小,工作面超前应力影响范围为 15 m,应力峰值发生在 5~15 m 范围内。Wang 等[96]利用数值模拟技术对复合顶板巷道围岩失稳特征进行探索,发现巷道顶板挠度和塑性区范围与软岩层距巷道的距离呈负相关关系,与软岩层厚度呈正相关关系,并且巷道塑性区范围随侧压系数的增大呈先减小后增大的变化趋势。Sofianos 等[97]利用数值模拟软件 UDEC 分析了不同厚度的岩层对层状顶板的影响程度,指出岩层厚度与其承载能力呈正比关系,且岩层下沉量会随着岩层厚度增大而减小。Sun 等[98]结合现场调查和数值模拟等方式,建立了复合顶板巷道模型,分析了不同条件下复合顶板的稳定性,通过理论计算得出并在实践中验证了复合顶板的稳定性受岩层厚度及其软硬程度影响较大的结论。Cui 等[99]通过现场实践和力学分析的方法,深入研究了复合顶板的下沉规律,并针对其特点提出了控制复合顶板稳定性的技术,以有效提高顶板及围岩的整体承载能力。

综上所述,学者们利用理论分析、数值模拟以及现场观测方法对互层复合顶板以及含软弱夹层顶板的破坏机理、塑性区范围以及变形特征进行了分析,丰富完善了互层顶板的矿压特征。但针对软硬互层型顶板矿压特征的相关研究还需进一步探索,因此开展软硬互层顶板破断特征研究,对丰富互层顶板相关研究具有重要的理论和现实意义。

1.2.4 近距离煤层巷道布置优化研究

目前,关于近距离煤层下行开采巷道布置的研究成果主要集中在避开上层区段煤柱应力集中区与底板裂隙发育带两个方面,其中布置方式主要为重叠式、内错式以及外错式布置,而具体的最优布置方式需结合生产实际情况具体分析确定。

鲁岩等[100]为使巷道的变形得到最有效的控制,将回采巷道的布置形式和参数相结合,并比较了回采巷道在近距离煤层中的应用范围和限制,最后得出了采巷的混合布置方案。陈金明[101]通过对煤柱分布的理论分析和数值模拟,分析了上下煤层之间的应力分布和围岩之间的破坏特点,得出了上煤层 35 m 煤柱和下煤层 15 m 煤柱的外错式布置方案可充分发挥锚杆与锚索作用的结论。孟浩[102-103]通过数值模拟、理论分析、底摩擦试验和区段煤柱能量分析等方法,对剩余煤柱底部的应力进行了分析,认为当巷道间间距为 15 m 时,应尽量控制近距离煤层群巷道的变形,确保近距煤层群巷道的合理布局。张蓓等[104]对回采巷道的位置进行了数值模拟计算,对各种布置方式下巷道围岩应力、位移和塑性区进行了分析,并对回采巷道的最佳布置进行了研究。王涛等[105]通过对近距离煤层进行相似模拟试验,探讨了近距离煤层开采过程中的采场围岩运动规律,并对其应力分布和演变规律进行了分析。张春雷等[106]结合理论分析及现场实际情况,确定下煤层巷道在合理的支护条件下回采巷道错距为 20 m 时,上层煤开采对其造成的采动影响最小,并在此基础上提出锚杆+锚索+锚网以及注浆[马丽散(聚亚胺胶脂材料)]的围岩控制方法,在现场取得了良好的应用效果。胡少轩等[107]为解决近距离煤层同时开采时下煤层受扰动影响较大的问题,借助数值模拟与理论分析提出了影响下煤层巷道稳定程度的关键因素是顶板应力变化率,并提出了合理的保护煤柱设计方法。张辉等[108]将工程实践与理论分析相结合,探讨了近距离煤层同时开采时下煤层巷道受扰动的各种影响因素,提出了煤层间距是否合理对下煤层巷道稳定性具有重要的影响。索永录等[109]针对百良旭升煤矿近距离煤层回采过程中上煤层开采严重影响下煤层开采巷道布置的问题,通过 FLAC3D 软件对不同布置位置巷道的破坏、受力和变形状态进行了数值分析,结果表明下层位巷道最合理的布置位置是与上层位巷道内错 4～8 m。张炜等[110]为解决曹村煤矿极近距离煤层开采过程中相关问题,根据曹村煤矿的具体地质情况,对上层位煤层回采后底板破坏深度和遗留煤柱的应力分布情况进行力学分析,得出上下煤层巷道内错 7.5 m 布置较为合适,且不会出现强烈矿压显现的结论。

Liu 等[111]研究得出近距离多煤层开采下煤层回采巷道的布置应避开残余煤柱应力聚集区,当上煤层为采空区时下煤层巷道布置方式为同向运动的内错式布置易于维护。王宏伟等[112]基于能量释放原理,建立了近距离煤层开采的物理模型,确定了回采巷道合理位置的布置,结果表明,上煤层煤柱能量累积程度在下煤层开采时要大于上煤层开采阶段,下煤层巷道布置距上煤层煤柱 8 m 左右较为安全。Gao 等[113]对于下煤层巷道围岩在上煤层煤柱的应力集中影响下产生的大变形问题,探究了煤柱下煤岩体的强度因子分布规律,说明了近距离煤层煤柱下层位巷道布置合理位置。Yang 等[114]结合近距离煤层开采工程实践,采用理论方法对大型煤柱下的底板岩层轴向应力进行分析,通过数值模拟手段阐述了巷道围岩破坏规律与巷道布置位置的关系,获得了上层位大煤柱支护巷道的最优位置。Zhang 等[115]根据采动应力在煤层底板及工作面前的传递规律,利用数值模拟对不同煤柱宽度下围岩应力进行模拟,结果表明预留 110 m 煤柱可以减弱保护层开采过程中对底板巷道前方的影响。Cui 等[116-117]利用数值模拟试验方法,研究了近距离煤层裂隙发育规律并建立了破碎覆岩二次"活化"的力学模型,通过重复采动监测和发育规律分析,提出了近距离煤层开采时裂隙带发育高度的确定方法,确定了下层位煤柱的合理尺寸为 70 m。Liu 等[118]根据煤柱下的应力与垂直深度和压力扩散角呈反比关系,采用 UDEC 数值模拟对下煤层的应力分布进行分析,结果表明,煤层间距较小时,上部煤层的开挖对下部煤层原始地应力产生较大影响,下巷与上巷的水平距离应为两煤层垂直距离的 0.384 倍,下部煤层中煤柱宽度大于上部煤柱的宽度 20～45 m 时较为合理。Li 等[119]为研究极近距离煤层下行开采覆岩破断运移规律,采用物理相似模拟方法并在工作面进行了观测验证,认为在极近距离煤层群的下层位开采过程中,上覆岩层扰动强烈引起围岩应力重分布使得残留煤柱上产生了应力集中从而造成下层位顶板发生破坏,影响了极近距离煤层开采过程中的巷道布置。Sun 等[120]为研究不同稳定性影响因素下底板主应力差的演化规律,根据半平面理论对近距离煤层开采进行力学建模,推导了巷道底板应力分布的解析解,并利用 Mathematica 软件进行了可视化呈现,将主应力差作为巷道围岩稳定性判据,得到位于上煤层煤柱两侧边缘斜下方的左、右"螺旋线"中心处为主应力差的极小值点,是下煤层巷道的理想位置。

综上所述,学者们分别从围岩的应力场、变形量、塑性区以及能量演化角度系统分析了近距离煤层煤柱与巷道围岩的稳定性,并确定了巷道的合理位置,取得了较好的应用效果。但关于互层顶板下近距离煤层开采,尤其是煤层间结构同样为互层结构下区段煤柱留设以及巷道布置研究还未见报道。因此,开展互层顶板下近距离煤层巷道布置优化研究具有一定的应用价值。

第2章　互层岩体协同破坏特征研究

软硬互层顶板工作面开采矿压显现强烈,顶板岩层间的强度差是研究矿压显现不可忽略的重要因素。近些年,许多学者针对层状岩体力学性质与变形特征进行了试验研究,单轴压缩试验被广泛应用在层状岩体的试验研究中[121-125]。基于此,为掌握软硬互层岩体的破坏特征,本章拟对软硬组合岩体进行单轴压缩试验,分析软硬组合岩体的力学性质、变形特征、破断特征以及声发射特性,确定互层顶板各岩层的协同破坏特征。

2.1　互层岩层特征及分类

工程领域,一般以单轴饱和抗压强度 30 MPa 为界限,区分软质岩与硬质岩。煤层上覆岩层中,常见的软岩有煤、碳质泥岩、绿泥石片岩、云母片岩及含泥岩的各类岩石,相应的常见硬岩有砾岩、砂岩、泥质灰岩及各类岩性较硬且具有较好完整性的岩石[126]。图 2-1 所示为层状顶板结构中主要的三类软、硬岩层组合形式。

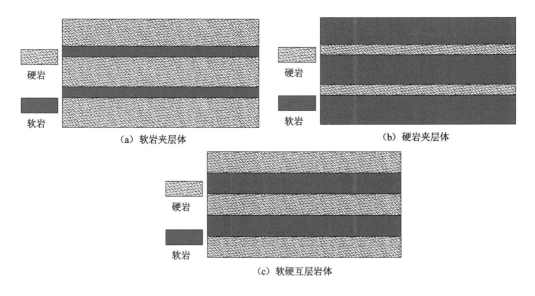

图 2-1　软硬层状岩体分类

（1）软岩夹层体

软岩夹层体是指硬度整体偏硬地层中存在少数软岩层的岩层分布情况,也可指某一埋深范围内软岩层的厚度占比远低于硬岩层厚度占比的岩层分布情况。软岩夹层体中,硬岩层的强度决定了地层的整体稳定性,但由于弱岩层（软岩层）的存在,岩层在以剪切力为主导的破坏中易发生错动变形。

（2）硬岩夹层体

与软岩夹层体相反，硬岩夹层体指岩性整体偏软地层中存在少数硬岩层的岩层分布情况，也指某一埋深范围内硬岩层厚度占比远低于软岩层厚度占比的岩层分布情况。相对软岩夹层体，岩层结构中较薄的硬岩层无法起到支承骨架作用，岩体的整体强度及稳定性主要由弱岩层（软岩层）决定，因此硬岩夹层体的整体强度偏弱。同时由于硬岩厚度较薄，硬岩的水平方向承载能力较弱，故较少出现软岩夹层体中的错动变形。

（3）软硬岩互层体

软硬岩互层体是指厚度相当或相近的软、硬岩层相互叠加分布的岩层分布情况。相对于夹层体结构中明显存在的软、硬岩性主导，软硬岩互层体中软、硬岩层对组合岩层的整体强度和稳定性均存在影响。

2201 工作面 2#煤层顶底板综合柱状图如图 2-2 所示。2#煤层的顶板主要为泥岩和细粒砂岩交替赋存，为典型的软硬互层顶板。2#煤层的 2201 工作面回采过程中发现顶板垮落步距不规律和支架工作阻力大等强矿压现象。因此，需要对软硬互层岩体进行加载试验，探讨软硬互层岩体的协同破坏特征。

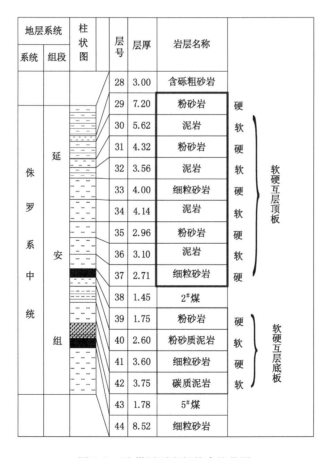

图 2-2　2#煤层顶底板综合柱状图

2.2 软硬互层岩体试验方案

2.2.1 互层岩石加载方式确定

文献[127]中指出:单轴压缩试验中,不同控制方式对加载过程中的应力-应变曲线有着明显影响,其中峰后的应力-应变曲线可能因加载控制方式的变化而产生剧烈变化。但对于岩石压缩试验时的加载方式,国内外并没有完全一致的标准,而国内标准中的加载方式也分为应力控制、应变控制等几种[128]。在应变控制加载中,按应变速率可划分为低应变速率加载($<10^{-4}/s$)、中等应变速率加载($10^{-4}/s \sim 10^{-2}/s$)和高应变速率加载($>10^{-2}/s$),同时也可划分为准静态加载($10^{-4}/s \sim 10^{-2}/s$)、准动态加载($10^{-2}/s \sim 10^{2}/s$)和动态加载($>10^{2}/s$)。通过实验室试验对组合体进行研究时,组合岩层和组合试件间的尺寸效应及加载时的应变速率是试验时必须考虑的问题,其中煤层开采时岩层的平均压力加载速率可用下式求得近似值:

$$\dot{\sigma} = (K-1)\gamma H \frac{v}{L} \tag{2-1}$$

式中　K——超前支承压力集中系数;

　　　γH——原岩应力;

　　　v——回采推进速度;

　　　L——超前支承应力影响范围至支承应力峰值距离。

由于煤层的塑性破坏及弹性应变,煤层采动后的应力集中呈非线性分布,应力峰值和能量聚集、释放均在超前区域内表现。在软硬组合岩层结构中,垂直方向应力在岩层微元中均匀传递,软、硬岩层内传递的应力大小相等,其轴向应变等于软、硬各岩层的轴向应变之和,侧向应变可通过应变仪测取软岩层侧向应变的方式获取。组合体中的软岩体强度较低,假设其中达到强度极限后发生破坏的微元对上下微元再无支承作用,其微元原本承载应力将转移至其他完整微元,此时完整部分的应力-应变关系应该满足胡克定律[129]:

$$\sigma = E\varepsilon(1-D) \tag{2-2}$$

式中　E——弹性模量;

　　　σ——应力;

　　　ε——应变;

　　　D——损伤因子。

对比不同加载方式的加载原理可知,采用轴向位移控制的方式可以更好地获取峰后的应力-应变曲线。故本书根据试验机性能,初步确定加载方式为轴向位移控制,加载速度为0.02 mm/s。试验加载情况见表2-1。

表 2-1　试验加载速率

试验编号	软硬岩比例	加载速率/(mm/s)	应变率
S	1	2×10^{-2}	2×10^{-4}
N	1	2×10^{-2}	2×10^{-4}

表 2-1(续)

试验编号	软硬岩比例	加载速率/(mm/s)	应变率
NS	1∶1	2×10^{-2}	2×10^{-4}
SNS	1∶2	2×10^{-2}	2×10^{-4}
NSN	2∶1	2×10^{-2}	2×10^{-4}
NSNS	1∶1∶1∶1	2×10^{-2}	2×10^{-4}

2.2.2　互层岩石试样选取与制备

结合试验预期目标,选取 2201 工作面顶板的砂岩与泥岩作为研究对象,依据国家标准《煤和岩石物理力学性质测定方法　第 1 部分:采样一般规定》(GB/T 23561.1—2009)中规定对煤层顶板岩层进行取样,随后运送实验室加工为国标规定的标准试样。根据 2201 工作面顶板的赋存特点,采用软-硬组合岩体的试验设计,分析软硬互层岩体的破坏特征。其中,软岩体为泥岩,硬岩体为砂岩。

利用 SCQ-A 型岩石切割机(数控切割机床)将取回的顶板岩样加工为断面 50 mm×50 mm 的长方体岩样,随后将岩样切割为软-硬组合岩样中各部分所需的长度。在软-硬组合岩样中,泥岩与砂岩的组合比例分别为 1∶1、2∶1、1∶2 以及 1∶1∶1∶1,软-硬组合岩体试样加工方案如图 2-3 所示。将切割后的岩石试样利用 SHM-200 型双端面磨石机对试样两段和接触面进行打磨,要求组合岩样内部接触面完美契合,并且端面不平整度要小于0.02 mm。在学者以往的研究中,组合体中不同岩层间的接触方式常采用胶粘和自然接触两种,考虑软、硬岩层间的粘接强度较弱,本书中的组合体试件采用自然接触的方式叠放,并通过接触面涂抹凡士林的方式作为声发射信号传递的耦合介质。为了便于试验和记录数据,试样编号分别为 N、S、NS、NSN、SNS 以及 NSNS(其中 N 表示泥岩,S 表示砂岩,编号的顺序为试样结构的自上而下),制备完成的试样如图 2-4 所示。

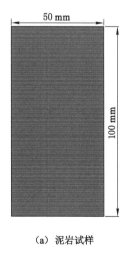

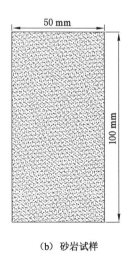

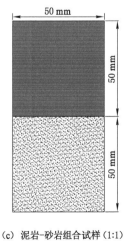

(a) 泥岩试样　　　　　　　　　(b) 砂岩试样　　　　　　　(c) 泥岩-砂岩组合试样(1∶1)

图 2-3　试样制备方案

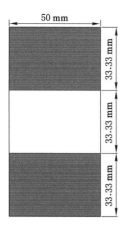 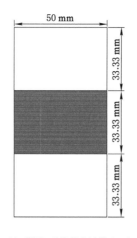 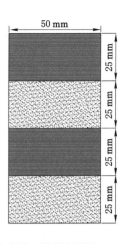

（d）泥岩-砂岩组合试样（2:1）　　　（e）泥岩-砂岩组合试样（1:2）　　　（f）泥岩-砂岩组合试样（1:1:1:1）

图 2-3（续）

图 2-4　软-硬组合岩样

2.2.3　试验设备及类型

（1）加载装置：本次试验采用 TYJ-500 型电液伺服岩石流变试验系统对软-硬组合岩样进行单轴加载。该试验机的最大加载力为 500 kN，传感器数据分辨率为 10 N，测力精度≤1％，其轴向加载时的加载力速率为（0.1％～100％）FS/min，轴向传感器的可检测范围为 0～100 mm，测量精度为±0.5％，基本满足本书加载试验的基本要求。结合 2.2.1 节中确定的加载方式，试验中采用应变控制的方式对软、硬组合体试件施加轴向单轴加载，并通过试验机配套系统记录试件的破坏过程及破坏过程中试件的应力-应变数据。

（2）应变采集设备：试验中利用 uT7160 型高速静态应变仪对每层岩样的应变量进行采集，应变灵敏度系数为 1.0～3.0。本次试验采样频率为 1 Hz。应变传感器选用 BFGH120-5AA 型应变片，电阻为 120 Ω，灵敏度系数为 2.0（1±1.0％），接线方式为 1/4 桥。电阻应变片分别布置在每层岩样上，沿轴向与径向方向垂直布置在岩样的中心处，用来分别监测每层岩样的轴向应变与径向应变,应变片编号自上向下依次编号为 1#、2#、3#、…、8#。应变片采用 502 胶水粘贴的方式布置,粘贴前用砂纸打磨掉岩样上氧化物,粘贴过程中利用塑料薄膜充分按压应变片将内部气泡排出。

(3)声发射采集设备:声发射采集/分析系统采用的是由美国 PAC 公司生产的 SH-Ⅱ 型声发射测试分析系统,该系统由声发射信号接收器、前置信号放大器及记录分析计算机等组成。为在试验过程中有效捕捉并监测组合体内释放的弹性波,试验中采用 Nano30 型传感器以监测 125～750 kHz 的声发射信号,同时前置信号放大器及系统监测门阈值均设置为 40 dB,系统的采样频率则设置为 1 MSPS(转接速率)。声发射探头分别布置在砂岩与泥岩部分的左右两侧,每层岩样布置两个声发射传感器。试验过程中为提高传感器的精度需要在传感器与岩样接触位置涂抹凡士林耦合剂。试验装置如图 2-5 所示。

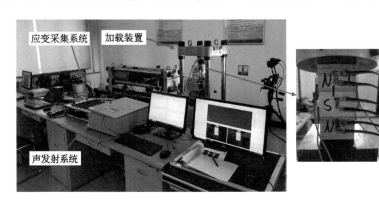

图 2-5　试验装置图

(4)试验类型:由于软岩层的存在大大影响顶板岩体的破坏特征,因此试验主要从软、硬岩层的层数变化和软岩层所占比例方面分析组合岩体的变化特征。所有试样加载方式均为单轴压缩,加载控制方式为位移控制加载,加载速度为 0.02 mm/s。试验前,通过胶粘的方式分别布置应变片及声发射传感器固定用橡胶片,并在试验前在声发射传感器接触面上均匀涂抹凡士林耦合剂。在试样加载过程中,同时采用应变采集系统、声发射系统及高速数字摄影采集系统对试件进行实时监测。

2.3　软硬互层岩体力学性质研究

2.3.1　组合岩体协同失稳及应力阶段划分

软硬组合岩体是包含强度差异较大的软、硬岩层的复合材料,由于不同强度软、硬岩体在外部载荷作用下的失稳和破坏规律存在较大差异,其对组合岩体的整体力学特性的影响也存在明显的差异,对于不同强度的软、硬岩层对组合岩体失稳过程的具体影响,及在失稳过程中两者的协调作用,需进一步研究和探讨。

协同学旨在研究系统中的无序单元或部分逐渐发展为有序时的相似性,组合岩体的协同破坏在协同学里指的是组合岩体内的软、硬岩层在逐渐加强的应力作用下,由关联较弱的无规则运动逐渐转换为关联性强的独立运动,且其关联性在达到阈值的作用力下成为形成各区域之间协同运动的主导作用[130]。如在研究断层诱发地震的边界条件时,可通过监测和分析断层不同部位的应变特征及协同程度获得断层形成时的应力状态。协同学在工程、能源、地质和生物领域均得到广泛应用[131-134]。如何对软、硬组合岩层结构使用协同学的理论及观点进行评价和分析,是目前研究软硬组合体的一种值得探讨和分析的方法。

不同强度岩体间的相互影响是决定组合体失稳破坏的主要因素,而在实验室条件下的常规岩石力学试验中,单轴压缩试验是还原岩体加载和获取岩体加载后的响应的简单有效方法。因此通过研究软硬组合岩样在单轴加载时的物理信息变化,是获取和研究组合体协同破坏的有效且重要的手段。岩体的压缩破坏过程一般被分为压密阶段、弹性阶段、塑性阶段和残余变形阶段,而根据单轴压缩试验中监测设备记录的岩体加载响应数据,可计算获得岩石加载状态下的应力-应变曲线及各个阶段的失稳破坏特征。但在软硬组合岩体中,协同破坏使各个压缩阶段的临界点变得比较模糊,Jin 等[135-136]认为失稳滑动是断层间由无序的独立运动向协同活动转化的重要过程,并将断层的压缩变形破坏过程分为线性偏离阶段、亚失稳阶段和失稳阶段等。本书引入线性偏离阶段、亚失稳阶段和失稳阶段等概念对软硬组合岩体的协同破坏特征进行研究和讨论[137]。

图 2-6 中标记了不同应力-应变阶段的关键点。其中:$AB(bc)$ 段岩体内以单一弹性变形为主,对应加载过程的线性变形阶段;$BO(cd)$ 段岩体内弱强度部分岩石开始发生破坏和塑性变形,加载过程的应力-应变曲线呈现上凸趋势,对应加载过程的线性偏离阶段,该阶段岩体内应力场分布规律开始发生变化;OF 段岩体内部裂隙在应力达到峰值后贯通,应力-应变曲线在达到应力快速下降点前呈非线性下滑,对应加载过程的亚失稳阶段,该阶段内岩体的应变能处于累积到释放的转变阶段。F 点之后岩体内内部结构完全失稳,裂隙随应变能的释放而快速发展和贯通。OF 段可进一步划分,其中 OE 段为应力静态亚失稳阶段,EF 为动态亚失稳阶段。

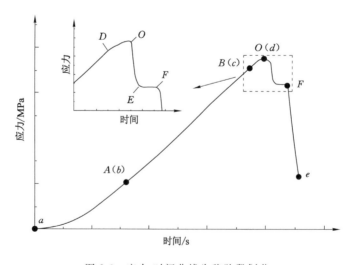

图 2-6 应力-时间曲线失稳阶段划分

2.3.2　软硬组合岩体应力-应变特征

对不同组合层数的软硬组合岩体进行加载试验,获得岩样加载全程的应力和变形信息,典型应力-应变曲线如图 2-7 所示。

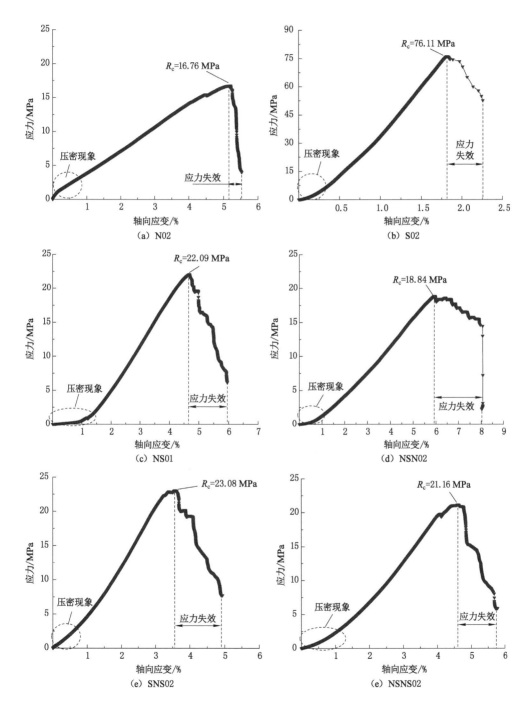

图 2-7　软硬组合岩体应力-应变曲线

图 2-7 中 6 组应力-应变曲线分别为泥岩、砂岩、泥砂组合 1∶1、泥砂组合 2∶1、泥砂组合 1∶2、泥砂组合 1∶1∶1∶1 的情况。根据峰值强度后应力-应变曲线变化趋势可见,单体泥岩或砂岩峰值强度后应力跌落速度较快,曲线光滑;组合岩样峰后曲线呈锯齿状跌落。此现象说明,峰值强度后组合岩体中软岩层与硬岩层之间的关联性影响强于每个岩层的独立运动,软硬岩层间既相互促进又相互制约,具有一定的协同破坏特征。根据各组岩样的单轴抗压强度可以发现,抗压强度最大的为单体砂岩试样(76.11 MPa),单轴抗压强度最小的为单体泥岩试样(16.76 MPa)。软硬组合岩体抗压强度从大到下依次为泥砂组合 1∶2、泥砂组合 1∶1、泥砂组合 1∶1∶1∶1 及泥砂组合 2∶1,分别为 23.08 MPa、22.09 MPa、21.16 MPa 以及 18.84 MPa。对比单体砂岩、单体泥岩以及泥砂组合 1∶1 岩体抗压强度可知,软硬组合岩体的强度介于软岩与硬岩二者强度之间,略大于软岩,远小于硬岩。对比泥砂组合 1∶2 和泥砂组合 2∶1 岩样抗压强度可知,随着岩样中硬岩占比的增加,岩样的强度有所增加,但增长幅度较小。对比泥砂组合 1∶1 和泥砂组合 1∶1∶1∶1 岩样抗压强度可以发现,在相同软硬组合比例下,随着组合层数的增加,岩体的强度略有下降,但下降幅度较小。横向对比各组岩样的抗压强度可以发现一个特征,所有组合岩体的抗压强度均略高于软岩强度,远小于硬岩强度,均在 20 MPa 左右;随着软硬组合比例的变化,组合岩样的变化略有波动,但波动范围不大。因此,可以认为在组合岩体中,决定组合体整体强度的主要为软岩,软岩的破坏将导致组合岩体整体失稳破坏。

由图 2-7 中应力-应变曲线峰值后的轴向应变增量变化可以发现,组合岩样的应变增量要明显大于单体岩样。试样应力失效阶段的变形量自小到大依次为泥岩单体、砂岩单体、泥砂组合 1∶1∶1∶1、泥砂组合 1∶1、泥砂组合 1∶2 以及泥砂组合 2∶1,分别为 0.35%、0.44%、1.13%、1.30%、1.35% 以及 2.11%。可见,应变增量与岩石的抗压强度关系不大,泥岩单体与砂岩单体二者抗压强度分别为最大和最小,但应力失效阶段应变增量却为最小范畴。应力失效阶段岩样的变形量主要与岩样的结构有关,组合岩样的变形量可以达到单体岩样的 3 倍以上。在组合岩样中,软岩所占比例对岩样应力失效阶段的变形量起到关键作用,软岩占比越大,组合岩样应力失效阶段的变形量也越大。如图 2-7(d)所示,应力失效阶段该软硬组合比例岩样轴向变形量最大,并且应力-应变曲线出现上下波动锯齿状变化,说明软硬组合岩样的应力失效过程是缓慢的,峰后岩石存在一定的承载能力,并逐步失效。与单体试样相比,软硬组合试样峰后破坏表现出一定的延性,单体岩样的破坏更接近表现出瞬时性。以上分析也同样说明了软硬互层岩体的破坏具有更大的变形,持续时间相对更长,并且表现为逐步应力失效的变化过程。

岩样加载初始阶段为内部损伤闭合与颗粒压实过程,这一阶段会消耗一部分能量,表现为应力-应变曲线下凹。观察图 2-7 中加载初期应力-应变曲线变化可知,软硬组合结构岩样压密阶段持续时间较长,增加了能量的耗散,说明软硬互层岩体受载初期与单一岩层相比可以耗散较多的能量,存在一定的应力迟滞现象,并且软硬组合 1∶1 时迟滞现象更为明显。弹性模量表现为材料抵抗变形的能力,弹性模量越大的岩体抵抗变形能力越强,在相同应力下其应变量越低。根据图 2-8 所示的各组合情况下岩样的弹性模量变化,砂岩单体试样弹性模量最大,单体泥岩试样弹性模量最小,软硬组合试样弹性模量介于二者之间,弹性模量与极限强度变化规律一致。在软硬组合岩样中,硬岩占比对试样弹性模量影响效果显著,硬岩占比越高弹性模量越大。这也意味着软硬互层岩体中硬岩层的厚度对整体的弹性模量影响显著,硬岩占比越高岩体在发生相同变形量时应力越大。

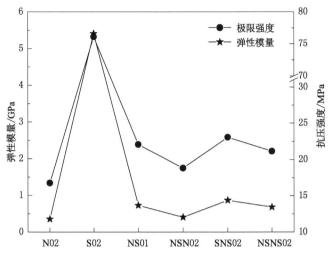

图 2-8　弹性模量、极限强度统计

2.3.3　软硬组合岩体协同变形特征

图 2-9、图 2-10 所示为泥岩、砂岩单体以及软硬组合岩样的应变特征曲线。应变片及压力机分别监测的是试件局部和整体的平均应变,应变片与压力机最终测得的应变可能由于试件不均匀变形而存在差距。图中试样轴向和径向应变命名遵循以下规则,"ε_{ab}"为试样的应变,其中 a 为 1 表示轴向应变,a 为 3 表示径向应变;b 表示应变片序号,在试样中自上向下依次为 1、2、3、…、8。下文主要根据应变仪采集的数据对各组试样的应变特征进行分析。

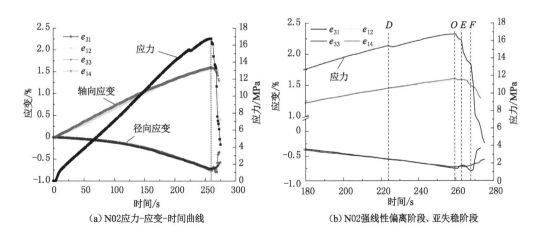

（a）N02应力-应变-时间曲线　　　　（b）N02强线性偏离阶段、亚失稳阶段

图 2-9　泥岩、砂岩单体应变特征曲线

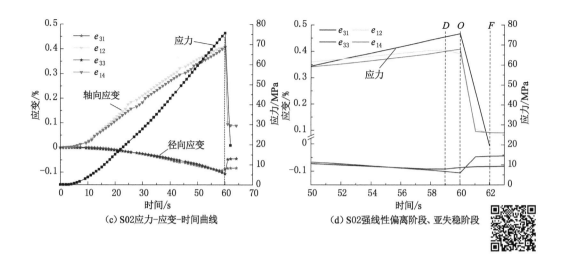

（c）S02应力-应变-时间曲线　　　　（d）S02强线性偏离阶段、亚失稳阶段

图 2-9（续）

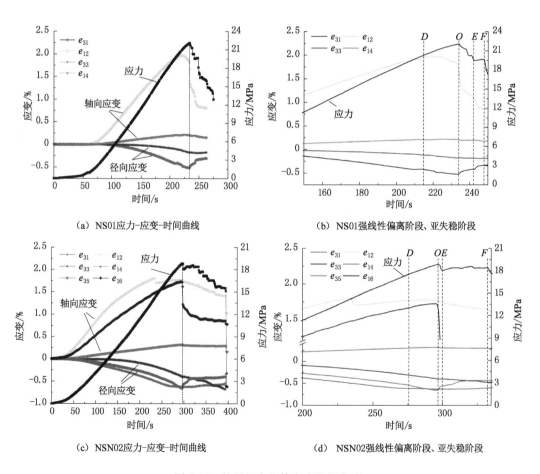

（a）NS01应力-应变-时间曲线　　　　（b）NS01强线性偏离阶段、亚失稳阶段

（c）NSN02应力-应变-时间曲线　　　　（d）NSN02强线性偏离阶段、亚失稳阶段

图 2-10　软硬组合岩体应变特征曲线

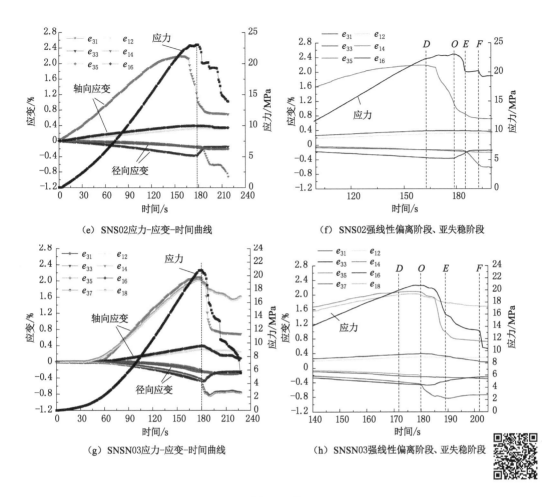

（e）SNS02应力-应变-时间曲线

（f）SNS02强线性偏离阶段、亚失稳阶段

（g）SNSN03应力-应变-时间曲线

（h）SNSN03强线性偏离阶段、亚失稳阶段

图 2-10（续）

　　图 2-9 中泥岩、砂岩单体试样在应力下均表现出明显的偏离线性阶段与亚失稳阶段,并且随着应力的变化各应变片处均存在良好的应变反馈。图 2-9(a)所示为泥岩单体应力-应变-时间变化曲线,轴向与径向应变随时间变化呈现非线性变化趋势,应变-时间曲线均呈上凸状,轴向应变表现为随应力增加应变增量减小趋势,径向应变表现为随应力增加应变增量逐渐增加,在线性偏离阶段泥岩的径向应变增量较轴向应变增量更明显些。图 2-9(b)所示为泥岩单体试样强线性偏离阶段和亚失稳阶段的局部放大图。由图可知,223 s 泥岩单体试样进入强线性偏离阶段,在强线性偏离阶段试样内损伤加速发育,轴向应变与径向应变呈非线性增长趋势,由于试验采用轴向加载方式,受压力机两端面约束,轴向应变量有所减小,但径向应变增量增长速度明显增加;260～263 s 为试样的静态亚失稳阶段,该阶段内泥岩失去承载能力应力突然下降,但通过应变的变化可以发现,该阶段内轴向和径向变形量并未突然减小,说明泥岩在失去承载能力的一瞬间并未表现出明显的形变;263～268 s试样进入动态亚失稳阶段,该阶段泥岩内能量进一步释放,试样进一步破坏,应变片粘贴处变形恢复,轴向应变与径向应变逐渐减小。图 2-9(c)所示为砂岩单体应力-应变-时间变化曲线,加载初期轴向应变和径向应变增长幅度均较小,随着应力的持续增加,轴向应变与径

向应变开始逐渐增加,二者近乎呈线性增长趋势。线性偏离阶段,轴向应变和径向应变增量虽略有变化,但整体依然呈线性增长趋势。图 2-9(d)所示为砂岩单体试样强线性偏离阶段和亚失稳阶段的局部放大图。由图可知 59 s 砂岩单体试样进入强线性偏离阶段,持续时间为 1 s,强线性偏离阶段砂岩轴向应变和径向应变进一步线性增长。其中"1""2"应变片数值出现下降趋势主要是受局部破裂影响,应变片所处位置应力释放变形量减小,但试样整体应变是线性增长的。60～62 s 试样进入失稳阶段,由于砂岩的应力较大,在失稳的一瞬间内部积聚的大量能量突然释放,致使砂岩发生脆性破坏,未出现亚失稳阶段。在失稳阶段,轴向应变与径向应变迅速跌落,砂岩产生的变形迅速回弹。对比泥岩单体与砂岩单体的变形特征可知,在应力作用下泥岩的变形具有非线性变化特征,而砂岩的变形线性特征较为明显。

图 2-10 所示为组合岩样应力-应变-时间变化曲线,组合岩样中砂岩的轴向变形量和径向变形量均明显小于泥岩,组合岩体的变形受泥岩影响较大。图 2-10(a)所示为泥砂组合 1:1 试样变形特征曲线,加载初期泥岩的轴向应变 ε_{12} 率先增大,表明软硬组合岩体受载首先由软岩层做出反馈,产生变形。随着应力的增加,组合岩样中泥岩的径向应变 ε_{31} 和砂岩的轴向应变 ε_{14}、径向应变 ε_{33} 开始增长,组合岩样各部开始发生变形。线性变形阶段泥岩和砂岩的轴向应变、径向应变均持续增长,泥岩的增长速度显著大于砂岩的,说明组合岩样线性变形过程中以泥岩变形为主、砂岩变形为辅。图 2-10(b)所示为泥砂组合 1:1 试样线性偏离阶段和亚失稳阶段的局部放大图,由图可知 215 s 组合试样进入强线性偏离阶段,强线性偏离阶段泥岩损伤加剧,损伤的发生造成能量释放,减小了泥岩应变片处的轴向变形,所以强线性偏离阶段泥岩的轴向应变出现先恒定后减小的现象。同时,强线性偏离阶段砂岩的轴向变形相对稳定,并无明显的增加与减小。值得注意的是强线性偏离阶段泥岩的径向应变增量有减小的趋势,而砂岩的径向应变增量有增大的趋势。234～242 s 组合岩样进入静态亚失稳阶段,该阶段内试样产生宏观裂纹,泥岩的轴向应变迅速跌落,泥岩的径向应变及砂岩的轴向应变、径向应变则缓慢跌落,组合岩样逐渐发生协同破坏。242～248 s 组合岩样进入动态亚失稳阶段,该阶段内试样各宏观裂纹相互贯通,岩样彻底发生失稳,组合岩样各部分变形量相对稳定。图 2-10(c)所示为泥砂组合 2:1 试样变形特征曲线,加载初期同样由位于顶部与底部的泥岩率先发生变形,随应力持续增加各岩层均产生明显的轴向变形与径向变形。ε_{12} 受应变片位置的影响对应力较敏感,应变增量较明显,在偏离线性阶段上部泥岩发生损伤,轴向应变相对维持恒定。图 2-10(d)所示为泥砂组合 2:1 试样线性偏离阶段和亚失稳阶段的局部放大图,276 s 试样进入强线性偏离阶段,强线性偏离阶段内组合岩样中部砂岩轴向应变增量基本恒定,径向应变增量存在小幅增长。强线性偏离阶段内下部泥岩的轴向应变持续稳定增长,径向应变增幅存在一定的变大,径向应变增幅变大主要受岩样裂隙的影响,试样破坏后在径向应变片位置处存在一个明显的拉伸裂纹。297～299 s 试样进入静态亚失稳阶段,该阶段下部泥岩的轴向应变、径向应变突然跌落,上部泥岩的轴向应变、径向应变缓慢跌落。中部砂岩的轴向应变、径向应变维持恒定,仍具有一定承载能力。299～332 s 试样进入动态亚失稳阶段,该阶段内泥岩的变形持续减小,砂岩的轴向变形恒定,径向变形进一步增长,说明此阶段内砂岩为主要承载体。图 2-10(e)所示为泥砂组合 1:2 试样变形特征曲线,中部泥岩的轴向应变 ε_{14} 对应力的反馈最为明显。从组合试样受力开始,ε_{14} 即存在应变反馈,并且随着应力的增加 ε_{14} 应变也随之线性增长。线性变形阶

段,组合岩样各部分轴向、径向应变均线性增长,试样形变稳定发展。线性偏离阶段,组合试样中部的泥岩为变形主要积累区,该阶段内泥岩损伤发育较快,释放能量,所以 ε_{14} 增量逐渐减小。图 2-10(f)所示为泥砂组合 1:2 试样线性偏离阶段和亚失稳阶段的局部放大图,162 s 试样进入强线性偏离阶段,强线性偏离阶段泥岩的轴向应变降幅明显,径向应变存在小幅减小趋势。砂岩的轴向应变基本维持恒定,径向应变存在小幅增长的趋势。179～185 s 试样进入静态亚失稳阶段,该阶段内泥岩轴向应变、径向应变持续减小。砂岩的轴向应变、径向应变相对恒定,泥岩为主要能量释放岩层。185～193 s 试样进入动态亚失稳阶段,该阶段内泥岩的轴向应变、径向应变逐渐降低至稳定。上部砂岩 ε_{31} 径向应变开始逐渐增加,径向应变的增长主要受试样整体协同破坏作用影响而产生横向拉应力,所以出现径向应变突增现象。图 2-10(g)所示为泥砂组合 1:1:1:1 试样变形特征曲线,由图可知不同位置的泥岩和砂岩轴向变形、径向变形具有良好的一致性,各岩层变形较统一。受岩层间隙影响,压密阶段应变反馈相对较差,应变存在一定的滞后效应。应力持续增加,线性变形阶段各层泥岩和砂岩的轴向应变和径向应变均呈线性增长。线性偏离阶段,除泥岩层轴向应变 ε_{14}、ε_{18} 的变形增量逐渐减小,其他岩层各变形量稳定增长。图 2-10(h)所示为泥砂组合 1:1:1:1 试样线性偏离阶段和亚失稳阶段的局部放大图,172 s 试样进入强线性偏离阶段,强线性偏离阶段泥岩的轴向应变基本恒定,砂岩的轴向应变稳定增长。同时,泥岩的径向应变存在小幅减小,砂岩的径向应变存在小幅增大。180～189 s 试样进入静态亚失稳阶段,该阶段内两层泥岩的轴向应变均逐渐减小,泥岩层 ε_{33} 径向应变逐渐较小,ε_{37} 径向应变受裂纹扩展影响逐渐增大。砂岩层 ε_{12} 轴向应变相对恒定,ε_{16} 轴向应变受岩层能量释放影响而逐渐减小,ε_{31} 径向应变小幅增长,ε_{35} 径向应变受裂纹影响,进而发生断裂。189～202 s 试样进入动态亚失稳阶段,该阶段内能量进一步释放,各岩层应变量逐渐减小至恒定。

对比泥岩单体与组合岩体中泥岩部分的轴向应变可以发现,泥岩单体的轴向应变跌落发生在峰值强度,具有瞬时性。而组合岩体中泥岩轴向应变在线性偏离阶段增量逐渐减小,并在强线性偏离阶段具有一定的恒定性。这说明组合岩样中泥岩与泥岩单体相比,在线性偏离阶段损伤程度更大,受砂岩影响组合岩样整体承载性变化不大。而在强线性偏离阶段,组合岩样中泥岩轴向应变基本不变,砂岩承担试样整体轴向变形,并在峰值强度后同时减小,二者破坏具有一定的协同性。根据各组试样强线性偏离阶段的径向变形可以发现,泥岩与砂岩单体试样该阶段内的径向变形线性增加,并无明显的波动。而在组合岩样强线性偏离阶段,泥岩和砂岩层的变形均存在一定的波动现象,其中泥岩层的径向变形存在一定的减小,砂岩层的径向变形存在一定的增大,可以认为这是泥岩层与砂岩层协同变形的作用。泥岩层对变形较敏感,对砂岩层的变形具有一定的促进作用。砂岩层对变形的敏感性较差,对泥岩层的变形起到一定的抑制作用。所以在强线性偏离阶段泥岩层和砂岩层径向应变存在一定的波动,也说明在强线性偏离阶段二者协同作用最明显。

表 2-2 所示为各组试样峰值强度前轴向应变和径向应变,ε_{3n}、ε_{1n} 分别为试样各层泥岩峰前径向应变、轴向应变的平均值,ε_{3s} 为各砂岩层峰前径向应变平均值。根据峰前径向应变的数值可知,泥岩单体最大径向应变为 0.737%,而砂岩的最大径向应变仅为 0.099%,说明泥岩单体受力后产生的横向应变要远大于砂岩,二者存在明显的应变差。对比各软硬组合方式下试样内泥岩层、砂岩层最大径向应变值可以发现,对于 ε_{3n} 存在 N02＞NSN02＞NS01＞SNSN03＞SNS02 的大小关系,对于 ε_{3s} 存在 NSN02＞SNSN03＞NS01＞SNS02＞S02 的大

小关系。对于泥岩层,峰前径向应变最大的是泥岩单体,然后依次是泥砂比 2∶1、泥砂比 1∶1、泥砂比 1∶1∶1∶1、泥砂比 1∶2,可见砂岩层占比对组合试样中泥岩的径向应变影响较为明显。组合岩样中砂岩层占比越大,对应的泥岩径向应变就越小,同时,砂岩层数对泥岩径向应变也同样存在影响,相同泥岩比例下砂岩层数越大泥岩径向应变越小,说明组合岩样中砂岩层对泥岩层的径向变形具有一定的抑制作用。对于砂岩层,峰前径向应变最大的是泥砂比 2∶1,然后依次是泥砂比 1∶1∶1∶1、泥砂比 1∶1、泥砂比 2∶1、砂岩单体,可见泥岩层占比同样对砂岩层的径向应变影响较大。试样中泥岩层占比越大,砂岩层的径向应变越大,说明泥岩层的径向变形对砂岩层径向变形具有一定的促进作用,二者变形具有一定的协同性。

表 2-2　试样峰值应变

试样	N02	S02	NS01	NSN02	SNS02	SNSN03
ε_{3n}/%	−0.737		−0.523	−0.641	−0.367	−0.461
ε_{3s}/%		−0.099	−0.183	−0.399	−0.153	−0.228
ε_{1n}/%	1.591		1.973	1.751	2.191	2.058

注:ε_{3n} 为泥岩层的径向应变平均值,ε_{3s} 为砂岩层的径向应变平均值,ε_{1n} 泥岩层的轴向应变平均值。负号表示径向应变。

而针对泥岩层的轴向应变 ε_{1n} 存在 SNS02＞SNSN03＞NS01＞NSN02＞N02 的大小关系,其中泥岩层峰前轴向应变最大的是泥砂比 1∶2,然后依次是泥砂比 1∶1∶1∶1、泥砂比 1∶1、泥砂比 2∶1、泥岩单体,可以发现砂岩层占比同样对组合岩样的轴向应变存在影响,体现为砂岩层占比越大,泥岩层的轴向应变越大,而砂岩层允许变形量较低,说明组合岩样变形主要由泥岩承担。

2.4　软硬互层岩体破裂与声学特征研究

2.4.1　软硬组合岩体破裂形态分析

图 2-11 所示为上述软硬组合岩体压缩试验典型破坏特征图。图 2-11(a)所示为泥岩单体单轴压缩破坏特征图,可见泥岩的强度相对较低,破坏时分别在左侧和右侧形成贯穿式拉伸主裂纹和剪切主裂纹,试样破坏形式为拉剪破坏,完整性相对较好。图 2-11(b)所示为砂岩单体压缩破坏特征图,可见砂岩的强度相对较高,破坏时形成一条贯穿式剪切主裂纹和两条副剪切裂纹,试样破坏形式为剪切破坏,试样完整性相对较好。图 2-11(c)所示为泥砂比为 1∶1 情况下组合岩样破坏特征图,可见该组合方式下砂岩的破坏为两条部分拉伸裂纹,泥岩部分破坏存在拉伸和剪切裂纹,同时泥岩部分存在边角裂隙发育和部分块体脱落,泥岩破坏程度较大。图 2-11(d)所示为泥砂比为 2∶1 情况下组合岩样破坏特征图,可见试样的破坏主要为三条拉伸裂纹,其中一条主裂纹贯穿组合岩样,另外两条裂纹分别位于顶部和底部的泥岩中,试样破坏形式为拉伸破坏,完整性较好。图 2-11(e)所示为泥砂比为 1∶2 情况下组合岩样破坏特征图,可见试样的破坏主要为贯穿泥岩和顶部砂岩的两条纵向拉伸裂纹,其中砂岩部分整体性较好,仅存在两条裂纹。而泥岩部分破坏程度比较严重,出现大面积岩体的剥

落。图 2-11(f)所示为泥砂比为 1∶1∶1∶1 情况下组合岩样破坏特征图,可见岩样破坏以中部的泥岩为主,产生三条拉伸裂纹和一条剪切裂纹,并在泥岩的边部产生脱落。下部的砂岩和泥岩则产生一条贯穿二者的拉伸裂纹以及若干微小拉伸裂纹,试样的完整性相对较好。

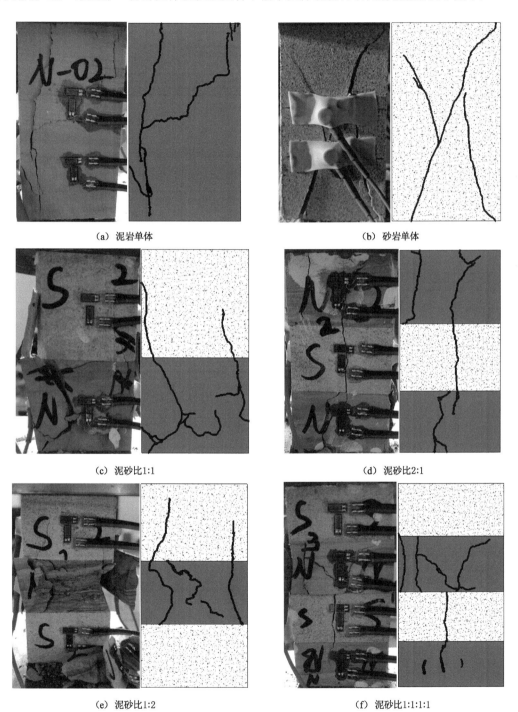

(a)　泥岩单体　　　　　　　　　　　　(b)　砂岩单体

(c)　泥砂比1:1　　　　　　　　　　　(d)　泥砂比2:1

(e)　泥砂比1:2　　　　　　　　　　　(f)　泥砂比1:1:1:1

图 2-11　软硬组合岩体破坏特征图

从试验结果和破坏特征分析可以发现,软硬组合岩体中泥岩的破坏程度与砂岩相比更大,并且砂岩比例越大泥岩破坏程度越严重,说明组合岩样的变形破坏主要由泥岩承担,以泥岩的失稳破碎作为能量释放方式。对比试验过程中泥岩、砂岩单体和泥砂组合体试样的整体破坏形式可发现,单体试样的破坏以拉-剪和剪切破坏为主,而组合试样的破坏多以拉伸破坏为主,表明组合岩体间存在相互作用的切向应力,并且这个应力占据主导作用,最终使组合岩体发生拉伸破坏。根据砂岩的变形可以发现,所有组合试样中砂岩的破坏形式均为拉伸破坏,并且砂岩所受载荷远未达到其承载极限。究其原因,主要是在组合试样岩层间切向力作用下,泥岩的变形大于砂岩的,泥岩将带动砂岩发生协同径向变形,最终发生拉伸破坏。根据砂岩的拉伸破坏程度可以发现,泥砂比 2∶1 岩样中砂岩破坏程度最大,其次依次是泥砂比 1∶1∶1∶1、泥砂比 1∶1 以及泥砂比 1∶2,此现象同样证明了组合岩样中泥岩和砂岩径向变形具有协同变化特征,并且泥岩占比增加将会增大砂岩的协同变形程度。

2.4.2 软硬组合岩体失稳过程声发射特征

声发射是材料破坏时,能量通过空气、水等介质释放和传递而产生的一种现象,声发射现象的强弱及频率在一定程度上能反映岩体的瞬间破坏程度。通过对声发射信号的监测和分析,我们可以获得岩体随外力加载破坏时的能量释放规律,进而为岩体的破坏机制提供参考和依据。对于组合体单轴压缩试验过程中采集到的声发射信号数据,一般有参数分析法和波形分析法这两种方式对声发射信号进行分析处理。参数分析法指的是将采集到的复杂声发射信号数据进行简化,进而获得可直观分析处理的数据形式。波形分析法则指的是采用现代化技术对声发射信号数据进行过滤、预处理和特征分析等的一类分析方法。常见的波形分析方法一般是针对声发射信号的频谱特征进行分析,如基础和常用的傅里叶快速变换法。常见的参数分析法则包括 AE 计数、AE 能量、AE 幅值以及持续时间等,其分别代指声发射信号超过阈值的次数、声发射信号数据包络线的积分面积、声发射脉冲信号的峰值及声发射越过阈值到再次跌落至阈值所持续的时间。波形分析法和参数分析法能分别从频域和时域的角度对岩体的失稳破坏过程进行分析,其中参数分析法中的 AE 计数能反映组合体试件在加载过程中的裂隙发展和失稳破坏程度。在对软硬组合岩体的加载破坏过程进行分析时,AE 计数可表征有利于研究软、硬岩层的破坏及两者间的协同破坏。为此,本节选用声发射计数作为特征量从时域角度分析软、硬岩层的协同破坏特征,如图 2-12、图 2-13 所示。

图 2-12(a)所示为泥岩单体加载应力与声发射计数变化特征,加载初期泥岩应力出现小幅度快速上升,并出现小幅度 AE 计数增长,这与试验采用位移加载方式有关,当压力机压头与泥岩刚接触瞬间,试样内存在应力分布不均现象,所以应力出现小幅度快速上升,此时声发射 AE 计数信号主要为泥岩试样微颗粒的压实与裂纹闭合。线性变形阶段 AE 计数均匀分布在 0～20 的范围内,泥岩内裂隙平稳发育,损伤程度较低。偏离线性阶段 AE 计数在 0～20 范围内分布的同时,出现若干个 AE 计数 30 左右的波动信号,泥岩内裂隙稳定发育的基础上出现若干个微损伤。如图 2-12(b)所示,223 s 泥岩试样出现应力小幅跌落,并出现 3 个应力突增点,突增点 AE 计数分别为 41、78 以及 355。此时泥岩试样出现较大损伤裂隙,但该裂隙不影响试样整体承载性,随后试样应力继续增长进入强线性偏离阶段。

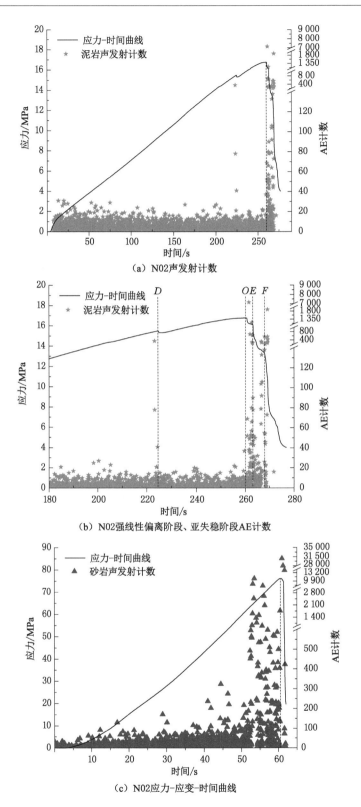

（a）N02声发射计数

（b）N02强线性偏离阶段、亚失稳阶段AE计数

（c）N02应力-应变-时间曲线

图 2-12　泥岩、砂岩单体声发射计数特征图

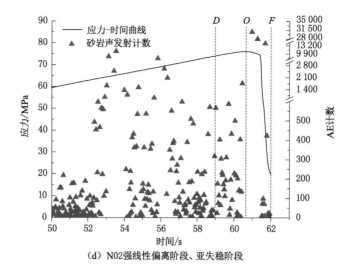

（d）N02强线性偏离阶段、亚失稳阶段

图 2-12（续）

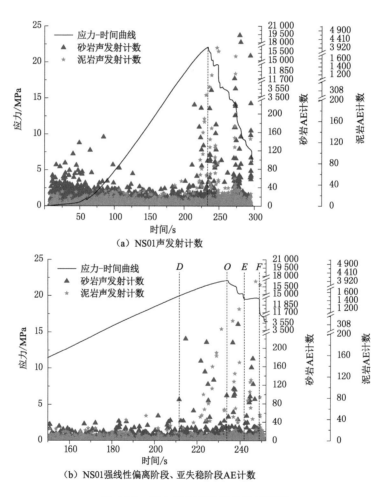

（a）NS01声发射计数

（b）NS01强线性偏离阶段、亚失稳阶段AE计数

图 2-13　组合岩体声发射计数特征图

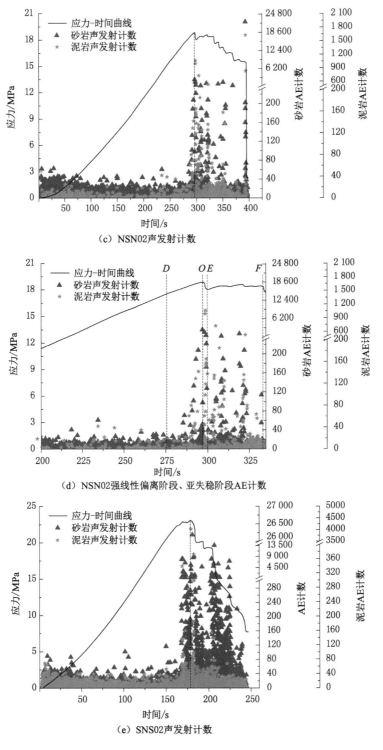

（c）NSN02声发射计数

（d）NSN02强线性偏离阶段、亚失稳阶段AE计数

（e）SNS02声发射计数

图 2-13（续）

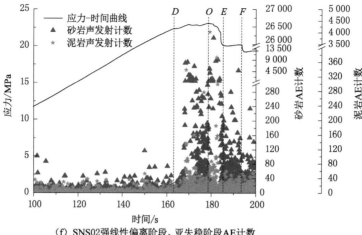

（f）SNS02强线性偏离阶段、亚失稳阶段AE计数

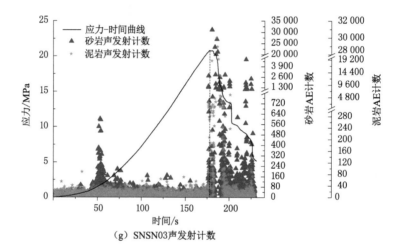

（g）SNSN03声发射计数

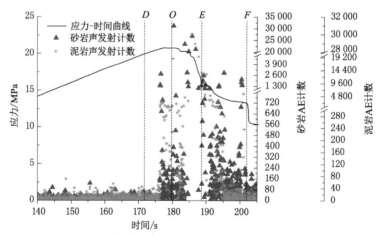

（h）SNSN03强线性偏离阶段、亚失稳阶段AE计数

图 2-13（续）

强线性偏离阶段内泥岩 AE 计数平稳分布,未出现 AE 计数突增点,此阶段内泥岩损伤稳定发育。OE 静态亚失稳阶段 AE 计数分布出现大量突增,出现高、中、低计数分布,并且中段 AE 计数分布密集,其中 AE 计数最高值达到 7 151。此阶段内泥岩损伤程度最为严重,各微观裂隙融会贯通形成宏观裂隙,表现在中段 AE 计数分布上。同时,泥岩试样形成影响其承载能力的主裂纹,表现在高段 AE 计数分布上。EF 动态亚失稳阶段 AE 计数同样呈现高、中、低分布状态,但相比静态亚失稳阶段中段 AE 计数分布相对稀疏,此阶段内泥岩主要表现为宏观裂纹的发育和主裂纹间的滑移错动。

图 2-12(c)所示为砂岩单体应力与 AE 计数的分布特征。AE 计数整体分布趋势与应力相关,随着应力的增长 AE 计数密集程度与分布范围也随着增长,二者具有良好的线性相关性。加载初期,应力较低,AE 计数分布在 50 以下,砂岩损伤程度较低。线性变形阶段,AE 计数分布逐渐变宽增至 100,出现若干跳跃点,砂岩内损伤稳定发展。线性偏离阶段,AE 计数分布范围进一步增长,同时存在高、中、低 AE 计数分布,该阶段内 AE 计数最大可达 10 954。此阶段内砂岩损伤发育较快,出现不同尺度的裂隙损伤。如图 2-12(d)所示,砂岩单体 59 s 进入强线性偏离阶段,该阶段内 AE 计数分布出现下降趋势,并且 AE 计数的密集程度降低。此阶段 AE 计数主要为试样内裂隙贯通所产生的信号。亚失稳阶段试样发生失稳破坏,出现少量高、中、低 AE 计数分布,其中 AE 计数最大值为 30 818,砂岩单体破坏表现为高计数脆性破坏。

对比泥岩与砂岩单体 AE 计数分布特征可以发现,加载过程中 AE 计数与砂岩应力具有良好的线性相关性,与泥岩应力线性相关性较差。这与二者的材料性质具有一定的关系,砂岩质地较硬,受力时更容易发出脆性信号,表现为高计数;而泥岩质地较软,受力后易发生能量耗散,表现为较低计数。同时,砂岩与泥岩在线性偏离阶段与失稳阶段也具有不同的声发射表现特征。在线性偏离阶段,泥岩的损伤发育相对稳定,仅出现三个 AE 计数突增;而砂岩在线性偏离阶段则为损伤发育的主要阶段,该阶段内砂岩 AE 计数分布范围变大,同时出现高、中、低 AE 计数分布。在亚失稳阶段,泥岩则表现为损伤快速发育,同时出现大量高、中、低声发射计数分布,该阶段为泥岩损伤发育主要阶段。而砂岩在该阶段仅有少量的超高、中、低计数分布,此阶段为砂岩脆性断裂阶段。即泥岩在亚失稳阶段前主要表现为低 AE 计数稳定发育,砂岩表现为 AE 计数逐渐增长;泥岩的加速损伤主要发生在亚失稳阶段,砂岩的损伤主要发生在线性偏离阶段。

图 2-13 所示为软硬组合岩样加载过程中应力与声发射计数变化规律图。从各组试样的试验结果看,泥岩与砂岩 AE 计数变化具有良好的一致性,表明组合岩样各岩层的损伤具有一定的同步性。相比砂岩单体,组合体中砂岩在加载初期 AE 计数活跃程度明显更强,说明组合岩体加载初期砂岩的损伤占比较大,也间接说明软硬互层结构中砂岩早期要比单一砂岩层损伤程度大。线性变形阶段,泥岩层和砂岩层 AE 计数均稳定分布,未出现明显的计数跳跃点,此阶段各岩层损伤均稳定发育。线性偏离阶段和亚失稳阶段,泥岩层、砂岩层 AE 计数分布均发生突变,同时出现高、中、低计数分布,该阶段内泥岩层与砂岩层协同损伤最为明显。

图 2-13(a)所示为泥砂比 1∶1 组合试样应力与 AE 计数变化特征分布图,二体软硬组合岩样加载初期砂岩层 AE 计数增长明显,泥岩层 AE 计数变化相对稳定,并且砂岩层的 AE 计数远大于泥岩层。此时砂岩声发射信号一部分来自岩层间隙闭合,而更大部分来自

砂岩内部损伤。泥岩层由于质地较软,在加载初期输入的能量将会以压密的形式耗散掉;砂岩质地较硬,以压密的形式耗散能量较少,在加载初期能量以损伤的形式耗散掉,这与单体岩样试验结果是不同的,并且这一现象均存在于其他组合试样中。在线性变形阶段,泥岩层、砂岩层 AE 计数均平稳分布,该阶段内二者损伤稳定发育,泥岩 AE 计数主要分布在 0~20 范围,砂岩 AE 计数主要分布在 0~50 范围。与砂岩单体相比,组合岩体中砂岩部分在线性变形阶段 AE 计数分布显著降低,泥岩部分 AE 计数分布与泥岩单体相比变化不大,说明层状岩体结构降低了砂岩线性变形阶段的损伤。图 2-13(b)所示为泥砂比 1∶1 组合试样强线性偏离阶段、亚失稳阶段应力与 AE 计数变化特征分布图。强线性偏离阶段泥岩与砂岩 AE 计数变化特征基本相似,分别同时出现高、中、低 AE 计数分布,其中泥岩低计数主要分布在 0~20 范围,砂岩低计数主要分布在 0~30 范围,此时泥岩与砂岩内损伤均快速发育。与泥岩单体相比,该阶段内泥岩的 AE 计数活跃程度明显增加;而与砂岩单体相比,该阶段内砂岩的 AE 计数活跃程度显著降低,说明组合岩体中砂岩促进了泥岩的损伤,泥岩反过来又抑制了砂岩的损伤。亚失稳阶段,泥岩与砂岩低计数范围内变化不大,中、高 AE 计数分布更加密集,此阶段内泥岩与砂岩出现宏观裂隙。根据 AE 计数分布特征也可发现,在亚失稳阶段泥岩和砂岩的 AE 计数变化具有一致性,泥岩 AE 计数突增的同时砂岩 AE 计数也发生突增,说明当泥岩产生宏观裂隙的同时,砂岩也同样产生裂隙,二者破坏具有同步性。根据强线性偏离阶段与亚失稳阶段内泥岩、砂岩 AE 计数变化特征可知,软硬组合结构改变了泥岩、砂岩的损伤发育情况,使砂岩的损伤向峰后转移,同时又促进泥岩的损伤向峰前转移,并且泥岩与砂岩 AE 计数信号突变具有同步性,说明软硬组合结构下泥岩与砂岩二者破坏具有协同性。

图 2-13(c)~图 2-13(h)为三体软硬组合岩样应力与 AE 计数变化特征分布图,其中图 2-13(c)、图 2-13(e)为泥砂比 2∶1 与泥砂比 1∶2 的情况。由图 2-13(c)可知,加载初期砂岩层 AE 计数活跃程度大于泥岩层,此时砂岩层损伤大于泥岩层。线性变形阶段砂岩层 AE 计数稳定分布在较低范围,泥岩层 AE 计数出现减小和间断的分布趋势。此阶段内由于泥岩层占比较大,线性变形阶段,以泥岩的压缩为主,对能量耗散性较强,所以组合体试样损伤程度相对较低。图 2-13(d)所示为泥砂比 2∶1 试样强线性偏离阶段、亚失稳阶段应力与 AE 计数变化特征图,强线性偏离阶段泥岩与砂岩 AE 计数同样发生突变,出现高、中、低计数分布,砂岩层和泥岩层低计数均分布在 0~20 区域内,二者进入加速损伤阶段。相比泥砂比 1∶1 试样,泥砂比 2∶1 试样在强线性偏离阶段 AE 计数突变存在一定的滞后,并且砂岩低计数由 0~30 下降至 0~20,说明泥岩比例的增加,增强了对砂岩损伤的抑制效果。亚失稳阶段,砂岩与泥岩 AE 计数突增,活跃程度显著增加,说明泥岩比例的增加,增强了对砂岩破坏的协同作用。图 2-13(e)所示为泥砂比 1∶2 组合试样应力与 AE 计数变化特征图,加载初期与线性阶段砂岩层、泥岩层 AE 计数变化趋势基本一致,均表现为加载初期 AE 计数增大,线性变形阶段 AE 计数稳定分布,并且二者 AE 计数变化数值基本相同。这说明泥岩比例的减小降低了能量耗散能力,输入的能量使泥岩与砂岩均发生一定的损伤,并且该比例下泥岩与砂岩损伤程度相近。图 2-13(f)所示为泥砂比 2∶1 试样强线性偏离阶段、亚失稳阶段应力与 AE 计数变化特征图,强线性偏离阶段泥岩 AE 计数分布出现增大趋势,主体计数分布在 0~45 范围,并随着砂岩 AE 计数突增出现若干个突增信号。相比泥砂比 1∶1 试样,强线性偏离阶段泥岩 AE 计数主体由 0~20 增长到 0~45,可见砂岩比例的

增加带动了泥岩在该阶段的损伤,二者损伤具有一定的协同性。亚失稳阶段,组合岩样中泥岩在静态亚失稳阶段 AE 计数发生突变,同时出现高、中、低计数分布,在动态亚失稳阶段仅出现低计数分布。砂岩在静态亚失稳与动态亚失稳阶段 AE 计数均发生突变,其中静态亚失稳阶段主要为高、中计数分布,仅有少量低计数分布。同时,静态亚失稳阶段 AE 计数突变值要大于动态亚失稳阶段。这说明砂岩在静态亚失稳阶段为失稳主要区间,并且该阶段失稳具有一定的瞬时性。组合体中泥岩层仅在静态亚失稳阶段发生动态失稳,而泥岩单体的失稳破坏贯穿整个亚失稳阶段,说明砂岩层的存在压缩了泥岩层失稳过程,使泥岩层的失稳具有瞬时性。这表明对于泥砂比 1∶2 的组合岩体,砂岩层比例的增加将增强对泥岩层的协同作用,使组合岩体失稳更具有瞬时性。

图 2-13(g)所示为泥砂比 1∶1∶1∶1 组合试样应力与 AE 计数变化特征图,加载初期泥岩与砂岩 AE 计数均分布较低,随后砂岩 AE 计数出现短暂的突然上升,此现象表现试样内能量的突然释放。线性变形阶段,泥岩与砂岩层 AE 计数均稳定分布在较低范围内,二者计数值差距不大,说明组合岩体层数的增加将减小软层与硬层线性变形阶段的损伤差距。图 2-13(h)所示为四体组合试样强线性偏离阶段、亚失稳阶段应力与 AE 计数变化特征图,强偏离线性阶段初期泥岩层与砂岩层 AE 计数均分布在较低水平,泥岩 AE 计数主要分布在 0~25 范围,相比泥岩单体,低范围 AE 计数值略有提升。同时,强线性偏离阶段后期泥岩中、高范围 AE 计数值与数量也明显增加,说明组合体层数的增加将会增强砂岩对泥岩在强线性偏离阶段的损伤协同性。亚失稳阶段,砂岩层 AE 计数分布占比与数值同样随组合层数增长而增大,表明泥岩层数的增加将增强砂岩的延性,使破坏贯穿整个亚失稳阶段。

2.5　本章小结

本章以 2201 工作面 2# 煤层顶板赋存状态为背景,利用室内试验方法开展软硬组合岩体单轴压缩试验,分别从应力-应变、协同变形、破裂形态以及声学特性角度探讨软硬组合岩体破坏特征,具体结论如下:

(1)软硬组合岩体的强度介于软岩与硬岩强度的中间,略大于软岩,远小于硬岩;软岩层强度决定组合试样整体强度,硬岩层占比增加会提高试样强度,但增长幅度较低;与单体岩样相比,软硬组合岩体峰后破坏表现出更强的延性特征;组合岩体弹性模量与极限强度变化规律一致,硬岩占比对组合体弹性模量影响效果显著,硬岩占比越高弹性模量越大。

(2)泥岩单体变形表现为非线性变化特征,砂岩单体表现为线性变化特征;强线性偏离阶段泥岩层轴向应变基本不变,砂岩层主要承担试样整体轴向应变,并在峰值强度后同时减小;强线性偏离阶段泥岩层径向应变存在减小趋势,砂岩层径向应变存在增长趋势,二者在该阶段内协同作用最为明显;组合岩样中砂岩层对泥岩层径向变形存在抑制作用,砂岩比例和层数的增加都会减小泥岩径向变形;同样,泥岩层占比增长也会促进砂岩层的径向变形。

(3)软硬组合岩体破坏以泥岩为主,砂岩占比越大泥岩破坏越严重;单体泥岩、砂岩破坏以拉-剪和剪切为主,组合体岩层间存在相互作用的切向应力,切向协同变形作用使各岩层发生拉伸破坏,并且泥岩层占比越大协同作用程度越强。

(4)泥岩单体与砂岩单体 AE 计数分布特征表明,砂岩的加速损伤主要发生在线性偏离阶段,泥岩的加速损伤主要发生在亚失稳阶段;层状组合结构改变了泥岩与砂岩的损伤发育状态,分别使砂岩的加速损伤向峰后转移,泥岩的加速损伤向峰前转移,二者损伤具有同步性;强线性偏离阶段,泥岩比例增加将会抑制砂岩的损伤,相反,砂岩比例增加将促进泥岩损伤,并且组合体层数的增加也将增强二者的损伤协同性;亚失稳阶段,砂岩比例增加将提高组合岩体失稳的瞬时性,组合体层数的增加将增强试样失稳的延性。

第 3 章　互层顶板结构破断演化特征研究

　　室内试验研究表明,软岩互层岩体破坏具有明显的协同作用。协同作用力下工作面顶板岩层的破断以及采场应力分布如何,值得我们去探讨。而受地质条件与研究手段的限制,在现场很难对工作面顶板破断特征进行直观分析。为此,本章将采用理论分析与相似模拟方法对互层顶板工作面开采进行研究,分析采场覆岩垮落、变形以及应力分布规律,确定互层顶板结构失稳演化特征。

3.1　互层顶板破坏特征理论分析

3.1.1　单一顶板岩梁力学破坏分析

　　为深入了解软硬互层顶板离层破坏机理,首先围绕含有倾角工作面的单一顶板岩梁力学破坏机理进行受力分析。在煤层开采之后,会打破地层原有的应力平衡,使应力重分布。假设该顶板岩梁在上覆岩层作用下受均布载荷 q,在倾角影响下该均布载荷可分解为沿受载顶板岩梁法向和沿受载顶板岩梁轴向的载荷,在这两个载荷的共同作用下,顶板岩梁发生挠曲变形破坏[138-140]。单一顶板岩梁受力模型图如图 3-1 所示;法向载荷和轴向载荷受力模型如图 3-2 所示。

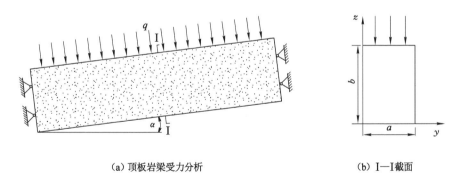

（a）顶板岩梁受力分析　　　　　　　　　　（b）Ⅰ—Ⅰ截面

图 3-1　单一顶板岩梁受力模型示意图

　　依据材料力学相关基础理论,结合图 3-1 可得单一顶板岩梁的最大弯矩为:

$$M_{\max} = \frac{q \cdot \cos \alpha \cdot l^2}{8} \tag{3-1}$$

　　单一顶板岩梁的抗弯截面模量为:

$$W = \frac{a \cdot b^2}{6} \tag{3-2}$$

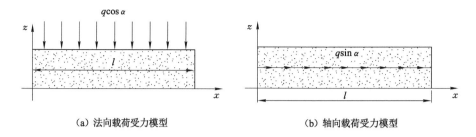

（a）法向载荷受力模型 　　　　　　　　（b）轴向载荷受力模型

图 3-2　法向载荷和轴向载荷受力模型图

单一顶板岩梁在法向载荷和轴向载荷共同作用下的最大应力为：

$$\sigma_{\max} = \pm \frac{M_{\max}}{W} + \frac{q \cdot \sin \alpha}{a \cdot b} = \pm \frac{3 \cdot q \cdot \cos \alpha \cdot l^2}{4 \cdot a \cdot b^2} + \frac{q \cdot \sin \alpha}{a \cdot b} \tag{3-3}$$

式中，l 为顶板岩梁的长度，m；a 为顶板岩梁的宽度，m；b 为顶板岩梁的厚度，m；α 为顶板岩梁的倾角，(°)。

当上覆岩层给予顶板岩梁的实际最大应力 $\sigma_{实} > \sigma_{\max}$ 时，表示顶板岩梁的最大拉应力超过了其本身的抗拉极限，岩梁将发生失稳破断；当 $\sigma_{实} = \sigma_{\max}$ 时，表示顶板岩梁处于失稳破断的临界点；当 $\sigma_{实} < \sigma_{\max}$ 时，表示顶板岩梁处于稳定状态。

3.1.2　互层顶板组合岩梁力学破坏分析

当煤层开挖以后，煤层给予上覆顶板岩层沿法向的反作用力被解除，使得上覆顶板岩层由原始平衡的三向应力状态转变为二向应力状态，然后通过挠曲变形释放应力集中以达到二次平衡状态。但由于各岩层物理力学性质不一，因而导致了离层现象的发生。为进一步分析互层顶板岩梁力学破坏机理，将其简化为组合梁的形式进行研究，模型如图 3-3 所示。

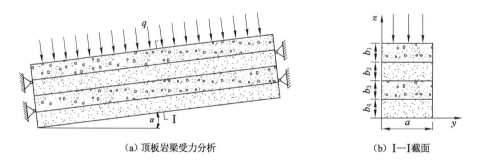

（a）顶板岩梁受力分析 　　　　　　　　（b）I—I 截面

图 3-3　互层顶板组合梁受力模型图

由图 3-3 可见，假设组合梁模型由四层岩层构成（即 $k=4$），其岩层厚度由上至下依次为 b_1、b_2、b_3、b_4。依据材料力学理论，互层顶板组合梁的最大弯矩为：

$$M = M_1 + M_2 + M_3 + M_4 = \frac{q \cdot \cos \alpha \cdot l^2}{32} \tag{3-4}$$

互层顶板组合梁的惯性矩为：

$$I = \frac{k \cdot a \cdot b^3}{12} = \frac{a \cdot b_1^3}{12} + \frac{a \cdot b_2^3}{12} + \frac{a \cdot b_3^3}{12} + \frac{a \cdot b_4^3}{12} \tag{3-5}$$

在岩层未发生拉断破坏之前,互层顶板岩层可看成一个整体,具有相同的变形曲率,即

$$\frac{1}{\rho} = \frac{M_1}{E_1 \cdot I_1} = \frac{M_2}{E_2 \cdot I_2} = \frac{M_3}{E_3 \cdot I_3} = \frac{M_4}{E_4 \cdot I_4} \tag{3-6}$$

联立式(3-4)、式(3-5)、式(3-6),可得:

$$\begin{cases} M_1 = \dfrac{1}{32} \cdot \dfrac{E_1 \cdot b_1^3 \cdot q \cdot \cos \alpha \cdot l^2}{E_1 \cdot b_1^3 + E_2 \cdot b_2^3 + E_3 \cdot b_3^3 + E_4 \cdot b_4^3} \\[3mm] M_2 = \dfrac{1}{32} \cdot \dfrac{E_2 \cdot b_2^3 \cdot q \cdot \cos \alpha \cdot l^2}{E_1 \cdot b_1^3 + E_2 \cdot b_2^3 + E_3 \cdot b_3^3 + E_4 \cdot b_4^3} \\[3mm] M_3 = \dfrac{1}{32} \cdot \dfrac{E_3 \cdot b_3^3 \cdot q \cdot \cos \alpha \cdot l^2}{E_1 \cdot b_1^3 + E_2 \cdot b_2^3 + E_3 \cdot b_3^3 + E_4 \cdot b_4^3} \\[3mm] M_4 = \dfrac{1}{32} \cdot \dfrac{E_4 \cdot b_4^3 \cdot q \cdot \cos \alpha \cdot l^2}{E_1 \cdot b_1^3 + E_2 \cdot b_2^3 + E_3 \cdot b_3^3 + E_4 \cdot b_4^3} \end{cases} \tag{3-7}$$

故互层顶板组合梁在法向载荷作用下各岩层的最大应力为:

$$\begin{cases} \sigma_{F1\max} = \dfrac{3}{16} \cdot \dfrac{E_1 \cdot b_1 \cdot q \cdot \cos \alpha \cdot l^2}{a \cdot (E_1 \cdot b_1^3 + E_2 \cdot b_2^3 + E_3 \cdot b_3^3 + E_4 \cdot b_4^3)} \\[3mm] \sigma_{F2\max} = \dfrac{3}{16} \cdot \dfrac{E_2 \cdot b_2 \cdot q \cdot \cos \alpha \cdot l^2}{a \cdot (E_1 \cdot b_1^3 + E_2 \cdot b_2^3 + E_3 \cdot b_3^3 + E_4 \cdot b_4^3)} \\[3mm] \sigma_{F3\max} = \dfrac{3}{16} \cdot \dfrac{E_3 \cdot b_3 \cdot q \cdot \cos \alpha \cdot l^2}{a \cdot (E_1 \cdot b_1^3 + E_2 \cdot b_2^3 + E_3 \cdot b_3^3 + E_4 \cdot b_4^3)} \\[3mm] \sigma_{F4\max} = \dfrac{3}{16} \cdot \dfrac{E_4 \cdot b_4 \cdot q \cdot \cos \alpha \cdot l^2}{a \cdot (E_1 \cdot b_1^3 + E_2 \cdot b_2^3 + E_3 \cdot b_3^3 + E_4 \cdot b_4^3)} \end{cases} \tag{3-8}$$

互层顶板组合梁在轴向载荷作用下各岩层的应力为:

$$\begin{cases} \sigma_{z1\max} = \dfrac{b_1 \cdot q \cdot \sin \alpha}{b_1 + b_2 + b_3 + b_4} \\[3mm] \sigma_{z2\max} = \dfrac{b_2 \cdot q \cdot \sin \alpha}{b_1 + b_2 + b_3 + b_4} \\[3mm] \sigma_{z3\max} = \dfrac{b_3 \cdot q \cdot \sin \alpha}{b_1 + b_2 + b_3 + b_4} \\[3mm] \sigma_{z4\max} = \dfrac{b_4 \cdot q \cdot \sin \alpha}{b_1 + b_2 + b_3 + b_4} \end{cases} \tag{3-9}$$

联立式(3-8)、式(3-9),可得互层顶板组合梁在法向载荷和轴向载荷共同作用下各岩层的最大拉应力为:

$$\begin{cases} \sigma_{1\max} = \dfrac{3}{16} \cdot \dfrac{E_1 \cdot b_1 \cdot q \cdot \cos \alpha \cdot l^2}{a \cdot (E_1 \cdot b_1^3 + E_2 \cdot b_2^3 + E_3 \cdot b_3^3 + E_4 \cdot b_4^3)} + \dfrac{b_1 \cdot q \cdot \sin \alpha}{b_1 + b_2 + b_3 + b_4} \\[3mm] \sigma_{2\max} = \dfrac{3}{16} \cdot \dfrac{E_2 \cdot b_2 \cdot q \cdot \cos \alpha \cdot l^2}{a \cdot (E_1 \cdot b_1^3 + E_2 \cdot b_2^3 + E_3 \cdot b_3^3 + E_4 \cdot b_4^3)} + \dfrac{b_2 \cdot q \cdot \sin \alpha}{b_1 + b_2 + b_3 + b_4} \\[3mm] \sigma_{3\max} = \dfrac{3}{16} \cdot \dfrac{E_3 \cdot b_3 \cdot q \cdot \cos \alpha \cdot l^2}{a \cdot (E_1 \cdot b_1^3 + E_2 \cdot b_2^3 + E_3 \cdot b_3^3 + E_4 \cdot b_4^3)} + \dfrac{b_3 \cdot q \cdot \sin \alpha}{b_1 + b_2 + b_3 + b_4} \\[3mm] \sigma_{4\max} = \dfrac{3}{16} \cdot \dfrac{E_4 \cdot b_4 \cdot q \cdot \cos \alpha \cdot l^2}{a \cdot (E_1 \cdot b_1^3 + E_2 \cdot b_2^3 + E_3 \cdot b_3^3 + E_4 \cdot b_4^3)} + \dfrac{b_4 \cdot q \cdot \sin \alpha}{b_1 + b_2 + b_3 + b_4} \end{cases} \tag{3-10}$$

由式(3-10)可见,互层顶板组合梁各分层的最大应力与其自身的弹性模量、厚度、倾角

以及回采工作面长度等都有关系。岩梁的最大应力会伴随回采工作面长度的增加而增大，但伴随互层顶板中分岩层厚度的增加会呈现减小的趋势。由于软硬互层顶板岩性差异较大，因而互层顶板相邻岩梁间应力状态差异较大，其中软弱岩层易于发生应力集中，相比强度高的岩层易于先发生拉断破坏；软硬互层连接处的敏感性较强，容易产生贯穿裂隙。

3.2 相似材料与试验方案

3.2.1 相似模拟原理分析

相似模拟试验以相似理论为基础，通过易获取的骨料与胶结料按配比制定与模拟地层性质相似的矿物质体，然后以控制各质点的相似运动来推断实际矿井回采过程中顶板及围岩的破断与应力分布特征；符合相似定律是相似模拟试验取得精确研究成果的基础，因此，为真实研究矿井原型工作面重复采动下互层顶板结构失稳演化规律，必须根据研究问题的性质确定主要矛盾。依据相似模拟试验的三大定律，矿井原型工作面条件与相似模拟工作面必须满足下面几个相似。

（1）几何相似

本次试验采用的相似模拟试验台长、宽、高分别为 2 500 mm、140 mm、1 000 mm，试验台顶部可对模型外覆岩进行应力补偿，因此仅考虑走向长度与岩层厚度几何关系。依据相似模拟试验的第一定律，实验室构建的相似试验模型的几何尺寸必须与所模拟的工作面原型几何尺寸具有一定的相似关系。模拟试验仅考虑走向长度与岩层厚度的几何关系，即要求两者之间的对应比例应呈一定的线性关系。以走向长度作为主要因素确定该试验二维几何相似比，模拟原型工作面走向长度 175 m，故：

$$C_Y = \frac{Y_M}{Y_Z} = \frac{2.5}{175} = \frac{1}{70} = 0.014 \tag{3-11}$$

式中　C_Y——二维几何相似比；

　　　Y_M——模型模拟工作面的走向长度，m；

　　　Y_Z——模拟原型工作面的走向长度，m。

（2）回采时间相似

根据相似定律有：

$$C_T = \frac{T_M}{T_Z} = \sqrt{C_Y} = \sqrt{\frac{1}{70}} = 0.118 \tag{3-12}$$

式中　C_T——回采时间相似比；

　　　T_M——模型模拟工作面回采工作的时间，h；

　　　T_Z——模拟原型工作面回采工作的时间，h。

即模拟工作面现场回采一天 24 h 约等于模拟回采试验中的 2.87 h。

（3）容重相似

由于地质构造应力的作用，以及模拟材料的材质与实际地层的差异，两者之间容重（体积密度）有较大差异；通过正交试验确定了各岩层的最佳材料配比，对各岩层模拟材料充分饱载之后测得模拟岩层平均容重约为 1 650 kg/m³，而工作面岩层试样的平均容重约为

$2\ 500\ \mathrm{kg/m^3}$，故：

$$C_{\gamma} = \frac{\gamma_{\mathrm{M}}}{\gamma_{\mathrm{Z}}} = \frac{1.65}{2.5} = 0.66 \tag{3-13}$$

式中　C_{γ}——容重相似比；

　　　γ_{M}——模型模拟的岩层容重，$\mathrm{kg/m^3}$；

　　　γ_{Z}——模拟原型的岩层容重，$\mathrm{kg/m^3}$。

（4）应力强度相似

依据相似定律可知，应力强度相似比与二维几何相似比和容重相似比具有较大联系，推导可得：

$$C_{\mathrm{F}} = \frac{F_{\mathrm{M}}}{F_{\mathrm{Z}}} = \frac{66}{7\ 000} = \frac{33}{3\ 500} = 0.009\ 4 \tag{3-14}$$

式中　C_{F}——应力强度相似比；

　　　F_{M}——模型模拟的岩层强度，Pa；

　　　F_{Z}——模拟原型的岩层强度，Pa。

3.2.2　煤岩层配比确定

岩层岩性的变化对煤层及其顶底板结构失稳演化规律具有重要影响，采用合理的相似模拟原料及配比是真实还原煤炭回采工作过程中煤层及其顶底板结构失稳特征与应力分布的关键因素。但是配置与模拟工作面原型岩层特性完全相似的材料是不现实的，本研究仅以岩石抗压强度作为相似模拟试验主导因素。模拟的岩层大多由经历无数年的沉积作用产生的沉积岩构成，沉积岩的成分大致可分为两类：骨料和胶结物，考虑到模拟原料的适用性及成本，骨料原料选用粒径 $0.2\sim0.5\ \mathrm{mm}$ 的砂子，胶结物选用轻质碳酸钙与石膏。模拟地层通过将砂子、轻质碳酸钙与石膏用纯净水按比例搅拌均匀制备。

相似材料对试验的结果影响显著，不同的相似材料配比会制备出岩性差异较大的模拟材料，为进一步获取试验所需的最佳相似模拟材料配比，结合以往学者经验，通过正交试验确定预期最佳配比。正交试验选取三大主导因素，并在各因素基础上建立四大水平。相似模拟材料配比正交试验表见表 3-1。

表 3-1　相似模拟材料配比正交试验表

水平	因素			备注
	砂胶比（Ⅰ）	碳膏比（Ⅱ）	含水量（Ⅲ）	
一	8∶1	3∶7	1/9	利用千斤顶加压 10 MPa，饱载 5 min，确保模拟试样内部密实，无空穴
二	9∶1	4∶6	1/10	
三	10∶1	6∶4	1/11	
四	11∶1	7∶3	1/12	

模拟试样采用 $100\ \mathrm{mm} \times 100\ \mathrm{mm} \times 100\ \mathrm{mm}$ 模具制备，同一配比模拟试样制备 3 个。首先对购买的砂子进行筛选，严格控制粒径大小。依据正交试验表按比例称量砂子、轻质碳酸钙、石膏和纯净水的质量，首先将干料（砂子、轻质碳酸钙和石膏）利用小型搅拌机充分

搅拌 5 min,以确保干料混合均匀,再缓慢均匀加入纯净水继续搅拌 5 min,使模拟原料干料与纯净水彻底搅拌均匀备用。用小刷子蘸取润滑油刷一遍模具内腔,然后以每次 1～2 cm 逐步加入模拟材料湿料,每次加料后采用方形木制小锤充分捣实。最后将模具连同模拟试样一起放入加载装置,利用千斤顶加压 10 MPa,饱载 5 min,确保模拟试样内部密实,无空穴。结束加载后将试样起模烘干,放置在干燥器中备用。相似模拟材料试样实物见图 3-4。

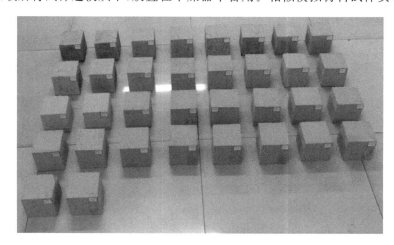

图 3-4　部分相似模拟材料试样实物图

对制备的相似模拟材料试样以及煤矿现场取得的岩样依次进行基础物理力学参数测定,测得煤岩体力学参数与相似模拟材料试样力学参数及配比如表 3-2 所示。

表 3-2　主要岩层力学参数及相似材料配比

岩石名称	抗压强度/MPa		配比			
	原型试样	模拟试样	砂子	碳酸钙	石膏	水
含砾粗砂岩	92.31	0.87	8	6	4	1/9
粗粒砂岩	83.25	0.78	9	4	6	1/9
粉砂岩	98.63	0.93	8	7	3	1/9
细粒砂岩	61.79	0.58	9	3	7	1/10
煤	15.09	0.14	12	4	6	1/11
粉砂质泥岩	32.86	0.31	10	7	3	1/10
泥岩	16.94	0.16	10	6	4	1/11
炭质泥岩	15.62	0.15	11	7	3	1/11

3.2.3　软硬互层结构模型制作与试验方案

（1）模型制作

根据模拟原型工作面地质资料可知,2# 煤层埋深为 658.5 m,为近水平煤层且起伏较小,模型采用水平布置的方式。模型中顶底板岩性及厚度设置如柱状图 2-2 所示。根据相似模拟试验台的尺寸以及相似比计算结果,搭建模型尺寸为 2 500 mm×140 mm×1 000 mm。模型具体制作流程如下：

① 根据几何相似比计算出的各岩层模拟厚度,利用光学水准仪及钢尺在背部挡板上绘制岩层控制线,按着配比表(见表 3-3)称量第一层模拟原料。然后,将相似材料搅拌后放入试验台中充分捣实,确保模型内部密实,无空穴。重复以上步骤直至该地层控制线。

表 3-3　模拟地层试验材料配比表

岩层	配比号	砂子质量/kg	碳酸钙质量/kg	石膏质量/kg	干料总质量/kg	水质量/kg
含砾粗粒砂岩	864	13.52	1.01	0.68	15.21	1.69
粉砂岩	873	86.13	7.54	3.23	96.90	10.77
泥岩	1064	67.23	4.03	2.69	73.95	6.72
粉砂岩	873	51.68	4.52	1.94	58.14	6.46
泥岩	1064	42.59	2.56	1.70	46.85	4.26
细粒砂岩	937	47.85	1.60	3.72	53.17	5.32
泥岩	1064	49.52	2.97	1.98	54.48	4.95
粉砂岩	937	35.41	1.18	2.75	39.34	3.93
泥岩	1064	37.08	2.23	1.48	40.79	3.71
细粒砂岩	937	32.42	1.08	2.52	36.02	3.60
2#煤	1246	17.35	0.58	0.87	18.79	1.71
粉砂岩	873	20.93	1.83	0.79	23.55	2.62
粉砂质泥岩	1073	31.10	2.18	0.93	34.21	3.42
细粒砂岩	937	43.07	1.44	3.35	47.85	4.79
碳质泥岩	1173	44.86	2.85	1.22	48.94	4.45
5#煤	1246	21.29	0.71	1.06	23.07	2.10
细粒砂岩	937	103.60	3.45	8.06	115.11	11.51
粗粒砂岩	946	68.43	3.04	4.56	76.03	8.45
粉砂岩	873	23.33	2.04	0.87	26.24	2.92

② 待第一层岩层铺设完毕后将云母粉洒在岩层顶部,用来模拟岩层间的接触关系,随后重复上一步骤依次至模型顶部。当布置到应力监测岩层时,应及时将压力盒埋入地层中线位置,安装挡板时应注意保护传感器导线。

③ 模拟地层全部铺设完毕后,依据地层实际赋存条件按应力强度相似比施加应力补偿;等待模型静置 24 h,隔块拆除前后挡板;静置 48 h 以后,拆除剩余前后挡板,使其自然风干,以备后续试验使用。

(2)测点布置

为了更加精确地测量开采过程中上覆互层顶板岩层的结构失稳规律及应力分布情况,在模型中同时布置了应力测点与位移测点。应力测点选用 ϕ120 mm 压力盒,在制作模型时一起埋入 2# 煤层的顶板与底板层位岩层，以及 5# 煤层中，使其伴随着岩层的自然风干彻底镶嵌在岩层中，以便使用 uT7160 型静态应变测量系统采集开挖过程中各层位的应力分布数据；应力测点共布设了 3 层，在 2# 煤层的顶板层位采用均匀铺设的方式，从距边界 10 cm 处开始布置，间距为 20 cm，该层位共计铺设 12 个基点；在 2# 煤层的底板层位和 5# 煤层层位各铺设 3 个基点，均从距左侧边界 71.4 cm 处开始布置，间距为 28.5 cm，即开采时由开切眼推进 20 m、40 m、60 m 时所在的底板位置布设了压力盒。

位移测点待模型彻底自由风干定型后开始布置。为了便于观测，需在模型表面上绘制测线并粘贴位移标。位移测点沿水平方向在模型正面由下至上布设 9 条测线，由左至右布设 24 条测线，每层均匀布置，左右间距 10 cm，上下层距 10 cm，共计布置 216 个基准位移测点，并对基准位移测点自下而上、由左至右依次进行编号。利用电子经纬仪与光学水准仪以模型左下角边界点为坐标原点建立坐标系，测量每个位移测点在该坐标系下的坐标并记录原始数据。同时利用相机对整个模型开挖过程进行录制，利用 Matlab 软件进行图像处理以获取位移监测数据。试验中所用的应力监测装置如图 3-5 所示，应力与位移测点后布置如图 3-6 所示。

（a）压力盒　　　　　　　　　　　（b）静态应变测量系统

图 3-5　应力监测装置

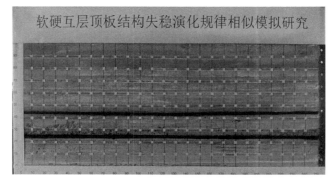

（a）位移测点布置

图 3-6　模型监测点布置图（单位：cm）

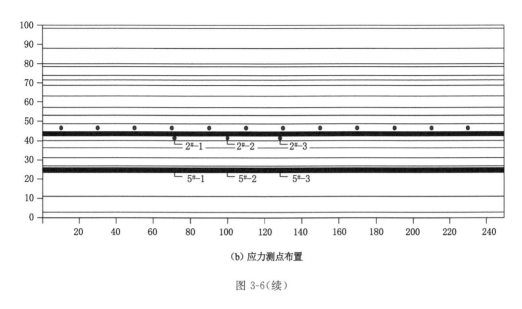

（b）应力测点布置

图 3-6（续）

（3）开采参数

根据试验台尺寸与几何相似比确定模拟推采长度为 175 m。为了消除边界效应，在模型正面左、右两侧各留设 30 m 的边界煤柱。开切眼长度 7.5 m，回采工作由模型左侧开切眼沿走向逐渐开采至右侧边界煤柱处。根据相似模拟试验台尺寸及研究目的确定了模型几何相似比 $C_Y = 70 : 1$，由几何相似比计算可得相似模型 $2^\#$ 煤层上覆顶板岩层模拟所对应的实际地层厚度为 38.74 m，$2^\#$ 煤层的实际埋深为 658.5 m，剩余 619.76 m 的上覆地层通过液压千斤顶加载来实现原位煤层上部的载荷均布。其中，取上覆岩层的平均容重为 2 500 kg/m³，则 619.76 m 厚度岩层产生的压强为 15.49 MPa，根据应力相似比求得模型实际加载压强为 0.146 MPa。工作面平均日进尺 5.6 m，依据回采时间相似比对模型进行开挖。

3.3　互层顶板垮落变形规律研究

3.3.1　采场上覆岩层垮落规律

依据煤矿开拓设计实际安排，近距离煤层采用下行式开采，故相似模拟中开采上方的 $2^\#$ 煤层，分析 $2^\#$ 煤层软硬互层顶板失稳演化特征与底板应力分布特征。图 3-7～图 3-9 为 $2^\#$ 煤层工作面开采过程中上覆岩层垮落破断情况，随工作面向前推进，顶板悬露面积逐渐增大，当达到极限跨距时，顶板岩层将出现拉断破坏，并依次出现直接顶初次垮落、基本顶初次来压和基本顶周期来压现象。

（1）直接顶初次垮落过程

模型左边留设 30 m 的保护煤柱后掘进开切眼，开切眼长度为 7.5 m，沿煤层由左至右开采。工作面自开切眼开始推进 15 m 时，直接顶依然保持完整，下沉量不大，但直接顶上方横向离层裂纹开始初次呈现；在后续工作面持续推进过程中，该横向裂纹沿工作面推进

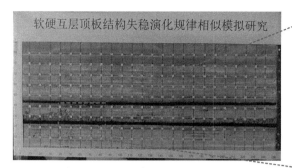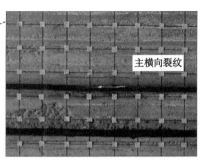

（a）工作面推进28 m

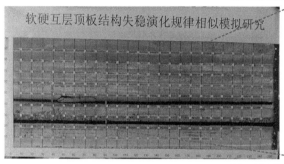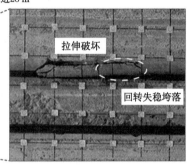

（b）工作面推进29 m

图 3-7　直接顶初次垮落上覆岩层破断特征图

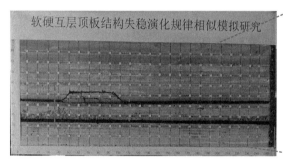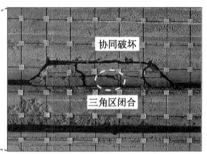

图 3-8　基本顶初次断裂上覆岩层破断特征图

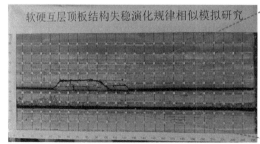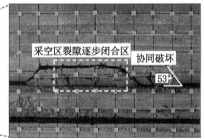

（a）工作面推进55 m

图 3-9　基本顶周期性断裂上覆岩层破断特征图

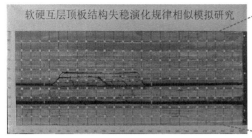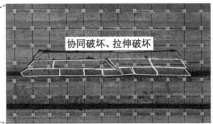

（b）工作面推进73 m

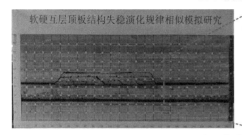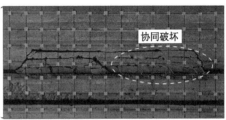

（c）工作面推进86 m

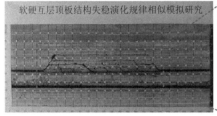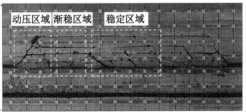

（d）工作面推进101 m

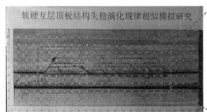

（e）工作面推进115 m

图 3-9（续）

方向持续扩张。如图 3-7(a)所示，工作面自切眼开始推进 28 m 时，直接顶依然保持完整，但主横向裂纹长度已经扩展至 19.1 m，至开切眼煤壁前方 4.2 m，一直延伸至工作面煤壁后方 4.7 m；主横向裂纹最大高度也始终呈现正增长。如图 3-7(b)所示，推进 29 m 时，直接顶自工作面煤壁后方和开切眼上方切落，形成初次垮落，最大垮落高度为 2.7 m，垮落长度为 27.8 m，垮落的直接顶面积大，具有一定的突然性，影响工作面生产安全。同时在破断特征图中可以发现上覆岩层的破断位置相对工作面开采的煤壁位置具有一定的滞后性；直接顶在控顶距较大的情况下，达到了抗拉极限，在采空区中部直接顶形成了一条主纵向裂纹，发生了明显的拉伸破坏；在工作面煤壁后方，直接顶的垮落以工作面上方未垮落的整体性较好的直接顶破断面为支点发生回转失稳垮落，在工作面后方形成了明显的三角区；随后直接顶随工作面推进随采随冒。

（2）基本顶初次断裂过程

如图 3-8 所示，随着工作面向前推进，直接顶继续垮落，回采到 43 m 时，第一层基本顶悬露达到极限跨距，在工作面上方发生破断，形成基本顶的初次断裂和初次来压。由开切眼煤壁前方 14.7 m 和工作面采空区后方 7.2 m 位置可见，下位直接顶的破断裂缝对上位基本顶的破断方向起到了导向作用，直接顶与上方基本顶两层软硬互层顶板发生了明显的协同破坏。由于煤层较薄，上覆岩层垮落高度极其有限，且已垮落岩体存在膨胀系数，使得上位基本顶在其自身重力和上覆岩层压力的作用下未出现明显离层，也无较大裂隙产生，宏观层面上位基本顶整体性较好，尚未形成明显的裂隙带与弯曲下沉带。初次来压最大垮落高度为 5.8 m，最大垮落长度为 41.6 m，直接顶垮落产生的裂隙伴随着工作面回采过程中产生的来压现象逐步闭合，在直接顶初次垮落时以工作面上方未垮落的整体性较好的直接顶破断面为支点发生回转失稳垮落，在工作面后方形成的三角区也已闭合。采空区上覆岩层处于卸压状态，形成卸压区。

（3）基本顶周期性断裂过程

工作面推进 55 m 时［如图 3-9（a）所示］，工作面上方顶板产生与走向夹角约为 53°的竖向破断角，上位基本顶达到抗拉强度极限，发生明显的拉断破坏，同时在工作面后方采空区依然出现了明显的协同破坏，造成了基本顶第一次周期来压，导致工作面顶板下沉剧烈，产生来压现象，采空区后方直接顶垮落与基本顶垮落产生的裂隙伴随着这些来压现象逐步闭合。此后随工作面不断推进基本顶将发生周期性断裂，形成周期来压现象。工作面推进 73 m 时［如图 3-9（b）所示］，基本顶第二次周期性断裂，工作面第二次周期来压，上位第二层基本顶达到抗拉极限，初次发生破断，在采空区中部产生了拉伸破坏纵向裂纹，同时该裂纹也受到了下层覆岩破坏的协同作用。采空区垮落岩块在自重力的作用下逐渐形成了标准的砌体梁结构，整个垮落空间呈现出标准的类梯形。伴随着工作面的持续推进采空区中部裂隙带被逐渐压实，并逐步由应力降低区变为原岩应力区。

工作面推进 86 m 时［如图 3-9（c）所示］，裂隙继续向上部顶板岩层扩展，工作面发生第三次周期来压。在该开采距离下，上位软硬互层顶板的协同破坏作用尤为明显；但是该模型的硬岩（砂岩）层位的控顶距极值较赋存在上下层位均为硬岩时的硬岩层位控顶距有一定的减小，依据煤层赋存地质条件分析可知，在软岩（泥岩）层位发生破坏时，协同破坏作用影响了硬岩（砂岩）层位的破断距，导致在一定程度上使得煤层上位硬岩覆岩层的强度降低了。

工作面推进 101 m 时［如图 3-9（d）所示］，裂隙进一步向上部顶板岩层扩展，工作面发生第四次周期来压。伴随着工作面的继续向前推进，梯形垮落空间也在不断扩张；同时煤层上覆岩层新裂纹逐步生成，离层情况也愈加明显；伴随着离层的产生，工作面后方采空区的裂隙逐渐闭合；随着工作面的持续向前推进，在采空区覆岩在自重力与离层作用力的共同作用下，采空区裂隙由近至远交替发生着"裂隙初生成-裂隙贯通与发展-裂隙闭合"的循环过程，并在采空区形成了动压非稳定区域、逐渐稳定区域和已稳定区域。工作面推进 106 m 时，采空区中部裂隙带被进一步压实，裂隙闭合，而工作面上部基本顶则形成了明显的宽度较小的离层，表明工作面下位基本顶下沉剧烈，周期来压强度比较大。最上部离层距顶板 16.9 m，离层量达到 0.2 m；裂隙带高度 4 m，最大裂隙宽度 0.2 m，裂隙带岩层移动角约为

56°,形成明显的垮落带、裂隙带、弯曲下沉带的"三带"结构。

工作面推进 115 m 时[如图 3-9(e)所示],裂隙带进一步向上发展,发生基本顶第五次周期来压,由以上数据可见该煤层周期来压步距不规律,一般为 12～18 m,且直接顶与基本顶在工作面煤壁上方和开切眼煤壁上方的破断线与煤层推进方向的夹角有一定的波动,但波动范围不大。该时刻工作面上部顶板有明显断裂,且纵向断裂线极为发育,一直延伸到煤层顶板上部约 20.5 m,表明工作面上部多层岩层发生了断裂,必然形成显著的周期来压现象,上覆岩层垮落带影响范围达到煤层顶板上方 12.9 m,顶板离层也进一步加剧,形成两条明显的离层。上位离层左起至开切眼煤壁前方 14.7 m,一直延伸至工作面煤壁后方 17.5 m;下位离层左起至开切眼煤壁前方 21.2 m,一直延伸至工作面煤壁后方 24.6 m。离层量最大达到 0.4 m,且由于岩层下沉量较大,垮落带与上部岩层间裂隙扩张。随着垮落带岩石垮落和逐渐压实,形成了新的支护体,使得裂隙带岩层出现弯曲下沉,由于拉力及离层作用,岩层断裂为排列整齐的岩块。

综上,通过模拟开采以及上覆岩层破断特征图可以看出,软硬互层顶板的破坏以拉伸破坏为主,同时软岩层与硬岩层之间具有协同破坏特征,软岩层将带动硬岩层发生协同破坏,并会在一定程度上降低硬岩层的强度。

3.3.2　采场上覆岩层移动变形规律

随着工作面向前推进,受采动作用的影响采空区原有的应力平衡状态被打破,引起应力重新分布,由此引发采场上覆岩层的变形移动;当工作面煤壁推进到一定位置时,上覆岩层逐渐接近自身的抗拉极限,由最初的弹性变形逐渐转变为塑性变形,从而引发上覆岩层的破断,即表现为上覆岩层的微变形、离层和破断垮落过程,导致煤层上方的各层覆岩岩层由下至上的下沉。

通过上述对采场上覆岩层垮落规律的分析可以清楚地看出岩层所经历的移动变形过程,从而可对上覆岩层的变形特征有一个定性的分析,而通过采用图像识别处理技术对采动过程中覆岩各位移测点的坐标进行实时观测,则可以定量得出覆岩的移动变形量,变形量的大小与工作面推进距离及测点距煤层高度和开切眼的水平距离有关。本书通过 Matlab 编程以初始模型为基准定义坐标系,将煤层走向方向设置为 X 轴方向,将煤层法向方向设置为 Y 轴方向。通过对工作面持续推进过程中上覆岩层破断特征图进行对比识别,提取各监测点位移矢量,最后利用 Origin 软件将提取的各监测点位移矢量绘制成工作面推进过程中相似模型位移云图。通过观测工作面推进过程中相似模型的位移云图,可以得出模型开挖过程中上覆岩层的"三带"变化特征以及离层裂隙在竖直方向上的变化规律,不同层位测线上位移测点的位移量与工作面推进距离的关系曲线如图 3-10 所示。

由图 3-10(a)、(b)、(c)和(d)对比可知,$2^{\#}$ 煤层工作面推进 86 m 时,位于采空区上部的 4 号测线与 6 号测线中间的上覆岩层部分在不同位置的测点下沉特征具有显著区别,5 号测线位于采空区中部的测点下沉量较工作面推进 43 m 时有明显增大,工作面推进 43 m 时采空区中部最大下沉量达到 0.9 m,工作面推进 86 m 时采空区中部最大下沉量达到 1.2 m,这是由于上位基本顶在工作面煤壁和开切眼上方达到极限跨距后,发生周期性断裂,从而对下位垮落带产生压力,岩块间在压力作用下能够互相压实,导致垮落带裂隙逐渐闭合,从而形成能够承受载荷的承载体,最终达到平衡,不再下沉;采场上方垮落带岩层下沉量较

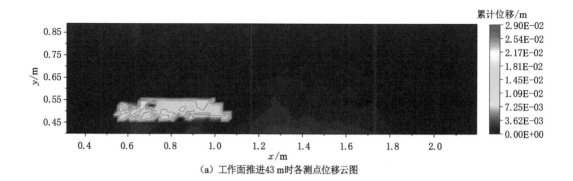

（a）工作面推进43 m时各测点位移云图

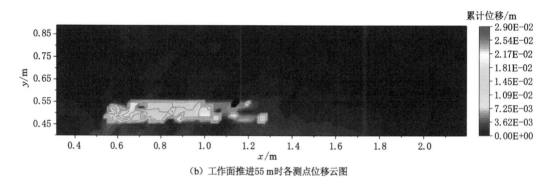

（b）工作面推进55 m时各测点位移云图

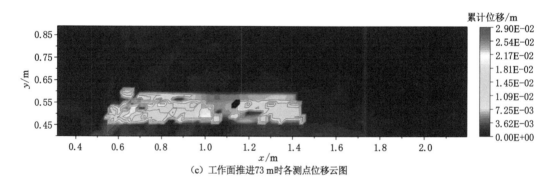

（c）工作面推进73 m时各测点位移云图

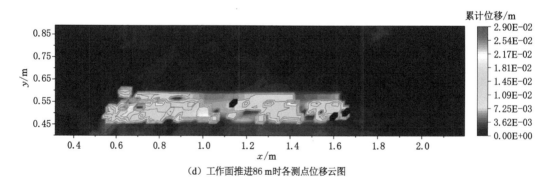

（d）工作面推进86 m时各测点位移云图

图 3-10　工作面不同推进距离下各测点位移云图

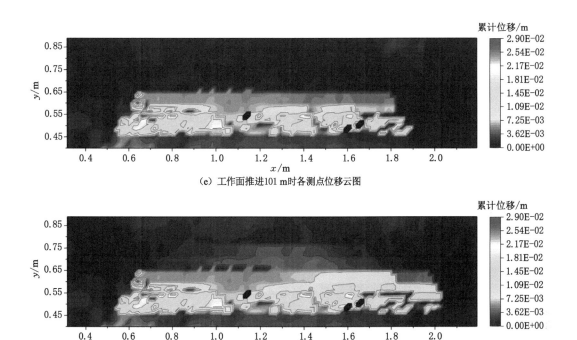

（e）工作面推进101 m时各测点位移云图

（f）工作面推进115 m时各测点位移云图

图 3-10（续）

大,裂隙带与弯曲带岩层下沉量较小。经过位移云图对比可以看出,采煤工作面的持续推进,会导致采场上覆岩层的垮落范围不断增加,并且工作面煤壁前方的下沉位移增量也会逐渐增加,但是工作面煤壁后方的下沉位移增量呈现出减小的趋势。在经历直接顶的初次垮落之后,煤层上覆岩层的下沉位移增量呈现先增大后减小的趋势。同时煤层顶板的上覆岩层下沉位移矢量与其同煤层之间的距离呈负相关关系,即上覆岩层与开采煤层的间距越小,覆岩的下沉位移量越大。

由图 3-10(e)可知,工作面推进 101 m时,位于采空区上部的 5 号和 6 号测线有显著下沉,工作面上方裂隙带进一步向上发展,达到煤层上方约 16.9 m,由于采空区后方垮落的岩石被逐渐压实,覆岩下沉向采空区后方倾斜,最大下沉量达到 1.8 m;7 号和 8 号测线下沉不显著,但从位移云图中可以发现该测线区域有微弱的位移变化,并且已经呈现出了整体下沉的趋势,只是目前整体下沉较小,这表明该区域虽未发生明显的离层,但内部已经存在裂隙发育,即将产生离层。工作后方采空区 60 m 左右处累计位移较大,表明在此处顶板下沉量发生了突变,不同岩层强度及节理发育情况有所不同,从而导致在裂隙带与弯曲下沉带之间形成宽度较大的离层,造成离层处不同测线同一纵向位置测点的下沉量显著变化,使得测点间相对位移量明显增大。伴随着工作面持续推进,可以发现不管煤壁处于哪个开采位置,各测线的下沉位移最大变形量均呈"V"字形分布。

由图 3-10 中(f)可知,工作面推进 115 m时,位于采空区上部的 5 号测线和 6 号测线中间区域的煤层上覆岩层有显著下沉,虽然顶板最大下沉量较推进 101 m 时没有较大增加,为 1.88 m,然而裂隙带向上有进一步的发展,达到了顶板上方 20.5 m 左右;7 号和 8 号测线下沉量较基本顶第四次周期来压已经存在显著增长,并且从位移云图中可以发现 9 号测线也存在了一定的下沉量位移变化,表明 7 号测线和 8 号测线所对应的区域已经发生了明显的离层,而离层岩层上方覆岩的 9 号测线对应区域内部已经存在裂隙发育;离层区域的最大离层长度为 82.8 m 左右,采空区两侧顶板裂隙发育明显,采空区中部垮落带原有的裂隙被压实闭合,呈现整体下沉的特征。但是由于工作面煤壁的支撑作用影响,工作面附近采空区上覆岩层下沉位移较小,上覆岩层最大下沉量位于采空区近开切眼一侧。

3.3.3 采场应力分布规律

随着煤层中工作面的持续推进,将改变煤层上覆岩层及其底板的最初原岩应力状态,煤层开挖之后会使得其直接顶和直接底岩层进行应力的释放,但其他部位围岩会呈现出应力增加的状态,在应力作用下产生的直接结果是覆岩位移的变化与形态的变化;尤其当开采导致煤层上方覆岩的关键层达到强度极限发生破坏时,这种应力作用将极为显著。在矿井开采现场,传统的顶底板事故均是由于应力的急剧增加从而使得煤层顶底板岩层受载超过其自身抗拉、抗压强度极限而发生的破坏。为了更直观分析煤层开采过程中顶底板的应力状态,以开切眼煤壁为坐标原点,建立随工作面推进过程中采场顶、底板垂直应力变化曲线的 X 轴。图 3-11 与图 3-12(a)所示为 2# 煤层回采过程中,采场顶板与底板的垂直应力随工作面推进的变化曲线。

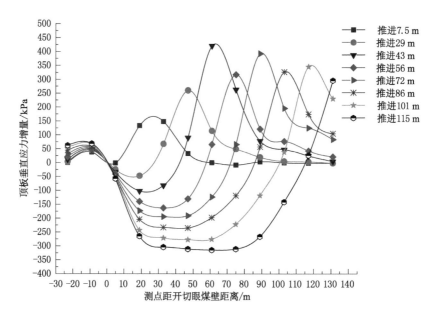

图 3-11　不同推进距离下顶板垂直应力变化

模拟过程中,煤层顶板共计发生七次垮落。从图 3-11 中可以看出,工作面前方超前支承压力明显要大于后方开切眼煤壁的支承压力,工作面顶板的垂直应力可沿煤层开采方向由开切眼煤壁至前方未开采煤层区域划分为四个区域,分别为采空区应力降低区、工作面煤壁前应力增长区、工作面煤壁前应力降低区和工作面煤壁前原岩应力区。随工作面回采,在工作面前方形成超前支承压力区,应力水平显著增加,其影响范围一般为工作面前方

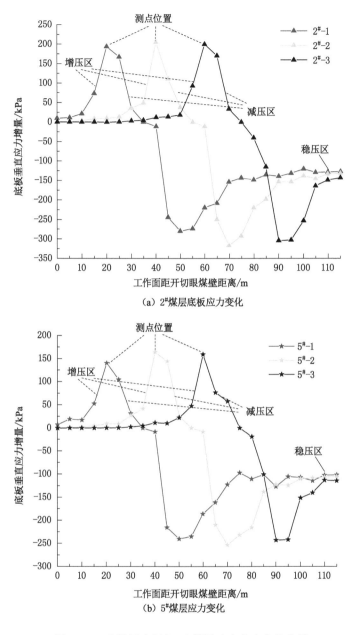

（a）2#煤层底板应力变化

（b）5#煤层应力变化

图 3-12　2#煤层底板与 5#煤层垂直应力变化曲线

80～100 m,支承应力峰值一般位于工作面前方 15～20 m 范围内。随着工作面向前推进距离的增加,工作面前方支承压力影响范围也在增加,支承压力峰值受基本顶破断不规律影响波动较大,工作面推进 43 m 时,发生基本顶的初次来压,压力峰值可达 421 kPa。在采空区侧,由于上覆岩层垮落下沉,应力得到释放,形成卸压区。在靠近开切眼的位置,卸压程度差异较大,在采空区中部卸压差异较小,这是由于采空区垮落带岩层整体性较好,中部的垮落岩层受到上部下沉岩层的均匀压力作用,均被逐渐压实。

如图 3-12（a）和图 3-12（b）所示,煤层底板共布置六个应力测点,分布于两个层位（2#煤层直接底和 5# 煤层),每个层位各三个测点,两层位的测点均位于距开切眼煤壁 20 m、40 m 和 60 m 的位置,故应力测点垂直方向上是两两对应的。由图可以看出,工作面煤壁推进至 距应力测点正上方煤壁 10 m 左右时,随着工作面煤壁持续推进应力开始突增;在工作面煤 壁未推进至应力测点正上方煤壁之前,伴随采空区中煤层上方覆岩悬顶面积的增大,其给 予未开采煤层和底板的压力急剧增加,表现为底板应力曲线斜率增加;当工作面煤壁正好 推进至应力测点正上方煤壁时,随着回采工作,底板开始卸压,使得应力骤减;工作面继续 推进,煤层上方覆岩达到强度极限开始自由垮落,重新给予底板压力,由底板应力曲线可以 看出底板应力缓慢回升后逐渐趋于稳定状态。

伴随工作面开采,在煤层底板内也会形成了支承压力升高区和降低区,工作面前方支 承压力升高范围与顶板支承压力分布特征相近,而工作面后方应力降低程度与顶板相比却 有较大程度的减小,这是由于顶板垮落带内岩体破碎,岩块间压力较小,且只受到上覆岩层 压力作用,而采空区底板内岩体存在一定的卸压效果,但仍保持完整性,并受到垮落带上覆 岩层与一定厚度底板的双重压力,因而卸压效果较采空区顶板有所降低。通过 2# 煤层底板 的应力监测可知,煤层开采后将对底板应力环境产生影响,在发生应力集中后形成一定的 卸压作用,而 5# 煤层中压力盒(传感器)的应力变化趋势与 2# 煤层直接底变化趋势相同,应 力峰值仅下降 25% 左右,说明 2# 煤层开采对底板造成的影响将穿过岩层直接影响 5# 煤层 的应力环境。因此,5# 煤层开采时巷道稳定性问题应引起重视。

3.4 本章小结

本章对互层顶板破坏机理进行了理论分析,基于相似理论利用河砂、碳酸钙以及石膏 来进行了相似模拟试验研究,分别对采动影响下覆岩互层顶板的破断特征、工作面前后支 承压力分布及覆岩位移等进行了研究分析,获得主要结论如下:

(1)互层顶板组合梁各分层的最大应力与其自身的弹性模量、厚度、倾角以及回采工作 面长度等都存在直接关系。岩梁的最大应力会伴随回采工作面长度的增加而增大,但随互 层顶板中分岩层厚度的增加会呈现减小的趋势。由于软硬互层顶板岩性差异较大,因而互 层顶板相邻岩梁间应力状态差异较大,其中软弱岩层易于发生应力集中,相比强度高的岩 层易于先发生拉断破坏;软硬互层连接处的敏感性较强,容易产生贯穿裂隙。

(2)利用开采模拟以及上覆岩层破断特征图可以发现,软硬互层顶板的破坏以拉伸破坏 为主,同时软岩层与硬岩层之间具有协同破坏特征,软岩层将带动硬岩层发生协同破坏,并会 在一定程度上降低硬岩层的强度。工作面直接顶在工作面推进 29 m 时发生大面积冒落,基本 顶在工作面推进 43 m 时达到极限跨距,随着工作面推进基本顶呈不规则垮落运动特征。

(3)煤层顶板的上覆岩层下沉位移量与其同煤层之间的距离呈负相关关系,上覆岩层 与开采煤层的间距越小下沉位移量越大,反之则位移量越小。超前支承压力影响范围一般 为工作面前方 80~100 m,支承应力一般位于工作面前方 15~20 m 范围内。

(4)通过底板应力监测发现,工作面推进会在前方 10 m 处形成底板应力增高区,并在工 作面推过一定距离后形成卸压状态的应力稳定区;2# 煤层开采对底板形成的应力环境改变将 穿过层间岩层影响至 5# 煤层,在 5# 煤层内形成同样变化趋势的应力升高区与卸压稳定区。

第 4 章　互层顶板矿压规律及底板破坏范围研究

通过上一章理论分析与相似模拟研究发现,互层顶板的垮落具有一定的不规律性,并且软硬顶板岩层间具有一定的协同破断作用。近距离煤层开采中上方工作面对底板的破坏范围也将影响下层位巷道的布置。为此,本章将在上一章基础上利用离散元模拟方法对互层顶板与底板的破断特征做进一步的分析,并讨论分析互层顶板的应力演化特征,进而结合矿压实测确定互层顶板工作面矿压显现规律及底板影响范围。

4.1　互层顶板结构离散元模型构建

常规岩层中,岩层性质呈逐层渐变、少量突变的分布规律。由于较小的岩性差异,常规岩层间的破坏互相不产生明显影响。但软硬互层顶板结构中,软、硬岩层的岩性差异较大,岩层的破坏明显受不同性质的相邻岩层影响,且这类影响在互层结构岩层中被进一步放大。井下进行采煤工作时,受采动影响发生的顶板破坏直接影响工作面的安全。第 2 章与第 3 章的研究发现软岩层与硬岩层间具有明显的协同作用效果。为了进一步研究不同性质的相邻岩层间的相互影响,同时研究互层顶板结构下,煤层采动后围岩的破坏方式及周期来压规律,结合图 2-2 中的顶底板综合柱状图,通过离散元程序 PFC2D 对互层顶板工作面开采过程进行模拟分析。

4.1.1　模型建立与运算方法

根据 $2^{\#}$ 煤层的地质资料及工作面的开采实况,设计尺寸为 150 m×73 m 的离散元采场模型,并按软硬互层结构,参照顶底板柱状图将模型分为 19 层,各层的力学性质及分布如表 4-1 所示。如图 4-1 中所示,开切眼距模型左侧边界为 30 m,在模型两侧及底部施加位移约束,顶部则为施加载荷后的自由边界。由于离散元中力链随颗粒位置随机分布,且力链大小受颗粒大小影响较大,不能直接通过力链的大小反映应力的分布,故通过均匀布设测量圆的方式进行应力变化的监测。模拟开采时,工作面从开切眼开始,从左至右推进,每次推进距离为 2 m,总模拟推进距离为 90 m。

表 4-1　岩层分布及力学性质

	层号	弹性模量 /GPa	抗拉强度 /MPa	内聚力 /MPa	容重 /(kN/m³)	厚度 /m	内摩擦角 /(°)	摩擦系数
粉砂岩	H11	16.5	5.148	20.40	21.070	8.940	39	0.70
含砾粗粒砂岩	H10	12.78	2.948	12.00	25.961	3.000	40	0.50

表 4-1（续）

	层号	弹性模量 /GPa	抗拉强度 /MPa	内聚力 /MPa	容重 /(kN/m³)	厚度 /m	内摩擦角 /(°)	摩擦系数
粉砂岩	H9	16.5	5.148	20.40	21.070	7.200	39	0.70
泥岩	H8	4.81	1.892	15.17	20.011	5.620	35	0.40
粉砂岩	H7	16.42	5.984	24.00	24.395	4.320	39	0.80
泥岩	H6	4.81	1.892	15.17	20.011	3.560	35	0.40
细粒砂岩	H5	14	3.388	16.80	20.983	4.000	29	0.65
泥岩	H4	3.42	2.024	14.33	23.468	4.140	35	0.50
粉砂岩	H3	16.5	5.148	20.40	21.070	2.960	39	0.70
泥岩	H2	4.81	1.892	16.37	20.011	3.100	35	0.40
细粒砂岩	H1	13	3.146	15.60	22.671	2.710	29	0.60
2#煤	M2	1.2	2.354	9.00	13.353	1.450	39	0.40
粉砂岩	J1	10.92	5.324	21.60	24.351	1.750	39	0.80
粉砂质泥岩	J2	6.32	2.178	17.27	20.020	2.600	36	0.50
细粒砂岩	J3	12.32	4.158	14.40	20.983	3.600	29	0.60
炭质泥岩	J4	3	1.892	14.87	20.011	3.750	37	0.50
5#煤	M5	1.4	2.574	9.00	13.353	1.780	41	0.40
细粒砂岩	D1	9	3.608	14.40	20.983	8.520	29	0.60

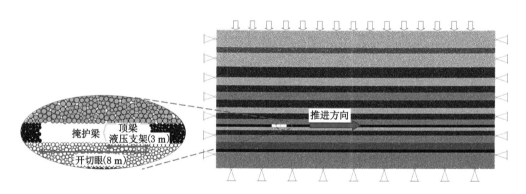

图 4-1　离散元模型

模型中颗粒大小根据岩层厚度调整,同时为使不同粒径颗粒填充在指定岩层,通过墙单元预分割模型,并在指定范围生成颗粒。生成的颗粒通过快速挤压排斥法填充模型并实现平衡,等颗粒平衡后删除岩层分割用的墙单元,并在颗粒间施加黏结。模型上部通过伺服加载的方式,施加对应埋深的初始地应力,待颗粒在重力及上部载荷作用下达到平衡后,再通过删除指定位置煤层颗粒的方式模拟长壁开采下的开切眼掘进及工作面推进等过程。

在工作面推进过程中,顶板随着采空区的逐渐增加,将逐渐下沉、破断以及垮落,最后在底板上压实。在顶板破断、垮落的过程中,顶板由初始的紧密结构破碎形成大小不一的块状结构。根据颗粒挤压膨胀的特性,破碎后的块状结构所占空间体积将明显大于破碎前的紧密结构。在井下开采中,顶板的垮落空间受限,且直接受采空区的范围及大小影响。而 2# 煤层厚度为 1.45 m,远低于厚度分别为 2.71 m 和 3.1 m 的直接顶及 H2 基本顶,因此,采空区范围极易被直接顶及部分基本顶垮落破碎后的块体填充,随着上层顶板的下压,填充采空区的块体被进一步压实,并对上层顶板形成支撑作用。则上层的顶板下沉空间变小,顶板在经历少量的下沉后,便被下位的块体支撑形成新的稳定结构。这类下沉往往伴随着岩层的损伤和分离,但从位移及其他宏观角度无法观察,故在模型中加载离散裂隙网格 DFN 模块,以便监测和记录岩层的破坏及岩层分离产生的裂缝。

离散裂隙网格 DFN 是 PFC5.0 中的一类模块,其主要功能是模拟岩层中的各类结构面。在构建模型时,可通过地质勘探测定的结构面位置数据,结合 DFN 模块生成裂隙网格。然后再根据结构面的性质,结合裂隙网格定义相应的接触力参数,从而实现预设裂缝模型的模拟。而在没有或不考虑结构面影响的工况中,结合 DFN 模块及函数调用模块,可以实现岩层中裂缝的监测、记录及更新。

4.1.2 液压支架建立与运算方法

井下进行长壁开采时,支架起到了保护工作面内人员与设备的作用,同时对工作面的顶板也起到了支撑作用,在一定程度上也影响了顶板的破坏及垮落。在液压支架工作过程中,顶梁对顶板的支撑力主要分为四类:初撑力 p_0,指通过升柱工具和锁紧工具使顶梁对顶板产生的初始主动力;始动阻力 p_1,指顶板下压使顶梁开始下沉时的作用力;初工作阻力 p_2,指顶梁支撑力由急剧增长转为缓慢增长时的作用力;最大工作阻力 p_3,指顶梁能施加的最大支撑作用力。为更好地模拟和探究顶板破坏,本书在模型中采用墙单元进行伺服加压的方式

如图 4-1 所示,模型中的液压支架由顶梁和掩护梁两部分组成,顶梁部分为可调节压力的支护部分,掩护梁部分则为限制破碎块体位移的工作面保护部分。为较好地实现支架支撑过程,模型中煤层开挖后,顶梁创建在直接顶的正下方,且不与直接顶发生直接接触。创建好的顶梁在低速运动下逐渐靠近顶板,并在发生接触后分多级降低升高速度,直至顶梁对顶板压力达到初撑力 p_0。其中顶梁的升高速度分级通过实时的接触应力变化实现,以每级速度降低一个量级为参考分为 3 级。顶梁支撑力达到稳定后,顶梁取消位移加载并施加位移约束,然后在顶梁左下侧略低于顶梁处创建掩护梁。随着顶板破坏下压,顶梁承受压力开始上升,当压力达到始动阻力 p_1 时,顶梁释放固定约束并开始向下缓慢运动。待顶梁对顶板的支撑力逐渐增加至最大工作阻力 p_3 后,顶梁对顶板的支撑力通过伺服方式调整成恒定支撑力 p_3。考虑到最大工作阻力 p_3 并不能满足支撑所有情况下的顶板下沉,故本书中设置顶板最大下沉值,待顶板下沉超过最大下沉值时,重新为顶梁施加位移约束。考虑到掩护梁的位置,在顶梁下沉过程中,也实时调整掩护梁,使掩护梁始终低于顶梁。为较好地记录周期来压,在考虑数据量及数据记录精度的基础上,每运行 100 步记录一次顶梁压力。

4.1.3 模型细观参数标定

离散元程序 PFC 中,刚性颗粒是构建模型的主要基本单元,而颗粒间的关系则是通过接触模型实现的。颗粒间包含黏结力、弹性力及摩擦力在内的相互作用力均可通过一种或

多种模型实现,而颗粒的紧密堆积和黏结则可实现岩石的模拟。在岩石中常用的弹性模量、泊松比等力学参数可以通过调整颗粒间的法向、切向刚度实现,而岩石的破坏则可由颗粒间接触的黏结失效来实现。在 PFC 中,常用的接触模型有线性接触黏结模型(linear contact bond model)及平行黏结模型(linear parallel bond model)。但这类模型中的黏结破坏后,颗粒间的接触会退化为点接触,且由于 PFC 中的基本单元颗粒是以二维圆盘或三维球形形成存在的,在颗粒发生接触时如果存在较大的切向力,会使点接触下的颗粒绕圆心产生相对转动。在岩石模型受压时,颗粒间的相对转动会极大地限制岩石的承压能力,进而无法构建与岩石压拉比相符的模型。故本书中选用黏结状态和失效状态下均为面-面接触的平节理模型(flat-joint contact model)构建数值模型。

平节理模型是一种模拟岩石中多边形晶粒,可以实现颗粒间互锁的微观结构模型。如图 4-2 所示,在二维模型中,平节理模型通过为发生接触的颗粒添加"裙带"的方式构建接触面。颗粒在产生旋转或相对转动趋势时,"裙带"会纳入颗粒间力矩的计算之中,从而实现"点-点"接触向"面-面"接触的转换。

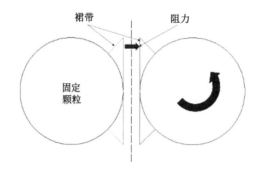

图 4-2 平节理模型示意图

在 PFC 中构建岩石模型,不同的接触模型或细观参数下所表现出来的宏观参数有较大的差异。所以需根据模型参数模拟相对应的力学试验,进而对模型细观参数进行标定,故本书在参考物理试验的基础上,模拟了单轴抗压-抗拉试验。如图 4-3 所示,单轴抗压-抗拉试验根据模型中颗粒粒径,构建宽长比为 1:2 的模型,并待模型平衡后为颗粒接触施加平节理黏结完成岩样。抗压试验中,模型通过墙单元施加匀速加载,并通过 History 命令记录墙单元的应力、位移参数,绘制岩样的应力-应变曲线。抗拉试验中,模型通过为岩样两端颗粒施加匀速位移的方式施加拉应力,并通过测量圆记录并绘制岩样的应力-应变曲线。

在平节理模型中,材料的细观参数主要包括法向刚度 k_n、切向刚度 k_s、刚度比 $k^* = k_n/k_s$、平节理抗拉强度 σ_c、平节理黏结强度 C、摩擦系数 μ 及摩擦角 φ。模型中每层岩石的刚度比 k^* 均设置为 2,故模型中的切向刚度 k_s 可通过确定后的法向刚度 k_n 计算。摩擦系数 μ 及摩擦角 φ 在平节理模型设计中,宏、细观的表征一致,因此模型中这两项细观参数直接采用宏观参数。而模型的主要参数弹性模量 E 及抗拉强度 σ_t,与细观参数法向刚度 k_n 及平节理抗拉强度 σ_c 呈线性变化。因此结合图 4-3 中的单轴抗压-抗拉试验,通过控制变量及线性拟合的方法,分别获得了由弹性模量 E 和抗拉强度 σ_t 估算法向刚度 k_n 和平节理抗拉强度 σ_c 的线性方程:

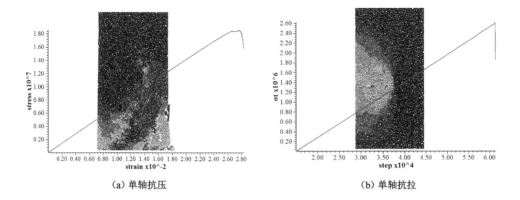

（a）单轴抗压　　　　　　　　　　　　　（b）单轴抗拉

图 4-3　细观参数标定试验

$$\begin{cases} k_{\mathrm{n}} = a \times E - b \\ \sigma_{\mathrm{c}} = c \times \sigma_{\mathrm{t}} - d \end{cases} \tag{4-1}$$

式中

$$\begin{cases} a = 4.094\,2, b = 1.139\,1（粒径为 8\text{ cm}时） \\ a = 3.418\,1, b = 2.154\,6（粒径为 11\text{ cm}时） \\ a = 2.958\,7, b = 2.358\,3（粒径为 13\text{ cm}时） \\ a = 2.416\,7, b = 2.588\,5（粒径为 16\text{ cm}时） \\ a = 1.987\,7, b = 3.086\,9（粒径为 20\text{ cm}时） \\ c = 1.467, d = 0.311\,4 \end{cases}$$

由力学参数（表 4-1）及简易估算方程［式（4-1）］可计算出表 4-2 所示的所需煤岩体细观参数预估值。通过将细观参数代入单轴抗压-抗拉数值模型，计算获得了细观参数预估值对应的弹性模量及抗拉强度值。与表 4-1 中的弹性模量及抗拉强度比较，两者标准差为0.085 7，误差较小，故模型采用通过简易估算方程获得的细观参数。

表 4-2　煤岩体细观力学参数预估值

	层号	粒径/cm	法向刚度/GPa	平节理抗拉强度/MPa	平节理黏结强度/MPa	内摩擦角/(°)	摩擦系数
粉砂岩	H11	20	29.710	7.864	20.400	39	0.7
含砾粗粒砂岩	H10	20	22.316	4.636	12.000	40	0.5
粉砂岩	II9	20	29.710	7.864	20.400	39	0.7
泥岩	H8	13	11.873	3.087	15.168	35	0.4
粉砂岩	H7	13	46.224	9.090	24.000	39	0.8
泥岩	H6	13	11.873	3.087	15.168	35	0.4
细粒砂岩	H5	13	39.064	5.282	16.800	29	0.65
泥岩	H4	13	7.760	3.281	14.328	35	0.5
粉砂岩	H3	13	46.460	7.864	20.400	39	0.7
泥岩	H2	11	14.286	3.087	16.368	35	0.4
细粒砂岩	H1	11	42.281	4.927	15.600	29	0.6
2#煤	M2	8	3.774	3.765	9.000	39	0.4

表 4-2(续)

	层号	粒径/cm	法向刚度/GPa	平节理抗拉强度/MPa	平节理黏结强度/MPa	内摩擦角/(°)	摩擦系数
粉砂岩	J1	8	43.570	8.122	21.600	39	0.8
粉砂质泥岩	J2	11	19.448	3.507	17.268	36	0.5
细粒砂岩	J3	13	34.093	6.411	14.400	29	0.6
炭质泥岩	J4	13	6.518	3.087	14.868	37	0.5
5#煤	M5	8	4.593	4.087	9.000	41	0.4
细粒砂岩	D1	16	19.162	5.604	14.400	29	0.6

4.2 顶板破断及来压规律离散元分析

随着工作面推进,采空区长度及顶板的悬露部分逐渐增加,在支撑力及内聚力的作用下,采空区悬露顶板所受重力转移至工作面及开切眼处煤壁,悬露顶板与两侧煤壁形成梁结构。由于采空区顶板悬露部分进一步增加,顶板间拉力及剪切力逐渐增强,顶板将会经历破断、下沉、弯曲、离层及垮落等过程。井下长壁开采工作中,顶板的位移及应力变化直接影响着工作面的安全性,其中顶板重力转移大小影响着煤层的支承应力大小及煤壁的破坏程度,而顶板的破断、下沉与垮落则直接决定工作面的安全性和支架的稳定性。

4.2.1 顶板初次垮落及来压特征分析

(1) 直接顶 H1 初次垮落

图 4-4 所示为直接顶初次垮落及基本顶初次来压前后液压支架的工作阻力变化,分别对应工作面推进距离达到 28 m,30 m 和 32 m。从图中可知,当工作面推进 28 m 时,液压支架顶梁的工作阻力发生明显的增幅和较高频率的波动。结合图 4-5(a)中采空区直接顶均产生的下沉位移及图 4-5(b)中直接顶 H1 与基本顶 H2 间的裂缝,可推断直接顶在破断后发生弯曲下沉,进而对液压支架造成扰动影响。但直接顶在小幅度下沉后,受拉应力、支撑力及摩擦力的共同作用,与两帮重新形成了稳定的三铰拱结构,因此直接顶未发生垮落。

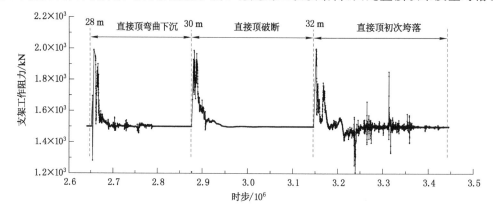

图 4-4 直接顶初次垮落前后支架工作阻力变化

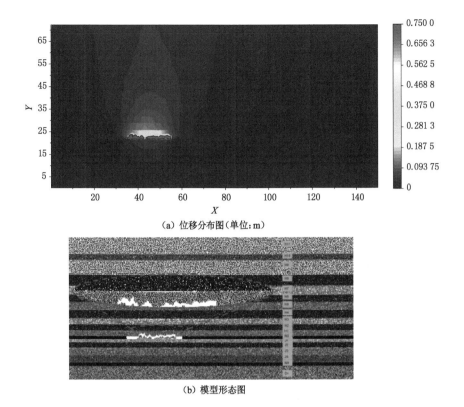

（a）位移分布图（单位:m）

（b）模型形态图

图 4-5　工作面推进 28 m

当工作面推进 30 m 时,从图 4-4 可知,液压支架前期发生了较短的工作阻力波动和高工作阻力。结合图 4-6 中对应的位移及模型形态可知,随着工作面的进一步推进,直接顶 H1 在重力作用下继续产生下沉,同时基本顶 H2 也发生了小范围的破断和下沉。但如图 4-7 所示,直接顶与基本顶的载荷及重力通过力链(颗粒间接触力)传递至两帮,同样重新形成了稳定的三铰拱结构。这一过程对液压支架的影响,相对上一步开挖后直接顶初次破断下沉造成的影响为小,且时间较短。

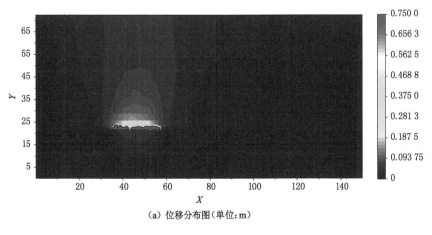

（a）位移分布图（单位:m）

图 4-6　工作面推进 30 m

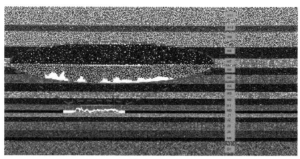

（b）模型形态图

图 4-6（续）

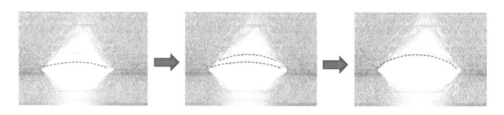

图 4-7　力链演变图

如图 4-8（a）所示，当工作面推进 32 m 时，直接顶 H1 岩层发生初次垮落，垮落高度为 2.71 m，工作面侧岩层破断角为 50°，开切眼侧岩层破断角为 47°，岩层垮落后断裂形成 5 部分主要块体，部分岩层破碎并形成碎胀。同时基本顶 H2 岩层在失去直接顶的支撑后进一步下沉。如图 4-8（b）所示，顶底板以采空区为中心，形成了 X 形的拉应力区域；同时采空区上方和两侧煤层中分别形成了图 4-8（c）中所示的三角形状应力释放区和应力集中区，而顶板和底板分别形成了图 4-8（d）中所示的下沉和底鼓。分析可知，采空区上方岩层间压力逐渐向两帮中转移，基本顶与两帮之间形成了三铰拱结构，并在重力作用下开始下沉，同时底板在两侧构造应力的作用下向采空区挤压，并发生底鼓现象。

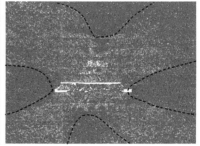

（a）模型形态图　　　　　　　　　　　（b）力链分布图

图 4-8　工作面推进 32 m

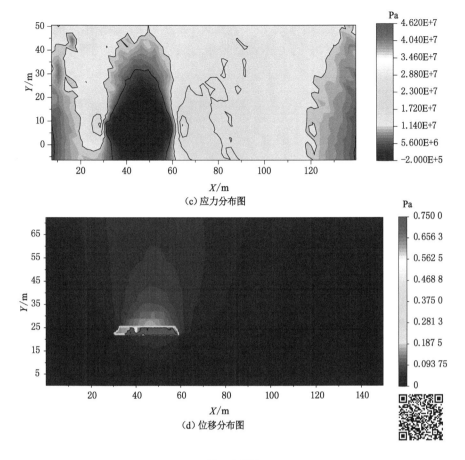

(c) 应力分布图

(d) 位移分布图

图 4-8(续)

从图 4-4 中可知,在直接顶发生初次垮落的过程中,液压支架的工作阻力一直处于不稳定状态,可将其受到的扰动和影响分为直接顶垮落和基本顶初次来压两部分来分析。对于直接顶垮落部分,工作面推进 32 m 后,工作面一侧直接顶发生破断,维持岩梁稳定的三铰拱结构失效,直接顶在重力作用下发生弯曲下沉。此时液压支架上方直接顶受采空区上方直接顶的牵引作用,发生同步下沉,进而对液压支架产生扰动,使液压支架工作阻力产生增幅和波动。

对于基本顶初次来压部分,在直接顶 H1 发生破断和垮落后,基本顶 H2 失去直接顶H1 两侧岩石的支撑,H2 岩层中的三铰拱结构失效。如图 4-8(a)中虚线内所示,H2 岩层在重力作用下,沿直接顶 H1 的破断角继续产生裂缝发育,并与 H3 岩层发生离层,但在少量弯曲下沉后重新形成了稳定的三铰拱结构。在基本顶 H2 岩层发生破断的过程中,三铰拱结构的失效和重建带来的应力变化通过力链传递至液压支架,这一过程中基本顶的破断及下沉的范围较小,但发生频率较高且持续时间较长。

(2) 基本顶 H2 初次垮落

图 4-9 所示为基本顶 H2 初次垮落前后液压支架的工作阻力,分别对应工作面推进距离达到 40 m、42 m、44 m、46 m 及 48 m。从图中可知,当工作面推进 40 m 时,液压支架的

工作阻力产生了较大的增幅,且在后期工作阻力下降后仍存在一定的波动。结合图 4-10 中工作面推进 40 m 时的模型形态图可知,由于直接顶 H1 在初次垮落后随采随垮,基本顶 H2 在失去直接顶的支撑后开始下沉,并在下沉回转中与采空区两端岩层重新形成图 4-11(a) 中的三铰拱稳定结构。

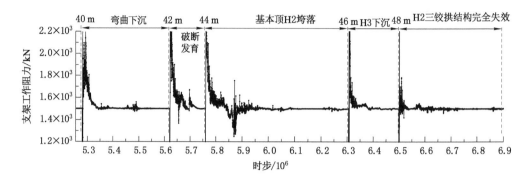

图 4-9　基本顶 H2 初次垮落前后支架工作阻力

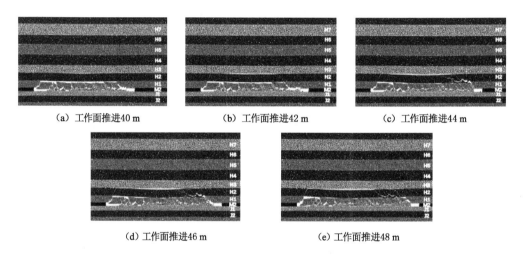

（a）工作面推进 40 m　　　（b）工作面推进 42 m　　　（c）工作面推进 44 m

（d）工作面推进 46 m　　　（e）工作面推进 48 m

图 4-10　不同推进距离模型形态图

当工作面推进 42 m 时,从支架的工作阻力图可知,支架的工作阻力产生了多个增幅和骤降。结合图 4-10(b) 中的形态图中可知,基本顶 H2 随着工作面推进而继续弯曲下沉,且在拉应力作用下,采空区中段及工作面端的基本顶已形成明显的裂缝和破断。同时在重力和载荷的作用下,基本顶 H3 岩层也发生了破断和下沉。在基本顶的弯曲下沉过程中,基本顶重力及承受载荷仍通过力链传导至采空区两端岩层,进而使工作面内液压支架的工作阻力产生多个增幅。而从图 4-11(b) 中连接基本顶 H2 的主力链可知,H2 岩层下沉后与碎胀后的 H1 岩层发生接触。在直接顶 H1 的再次支撑作用下,岩层的部分载荷和重力通过力链传递至底板,液压支架所受压力瞬间减小,故出现了工作阻力的骤降。同时,在 H1 岩层的支撑作用下,破断下沉的 H2 岩层与两帮仍维持了三铰拱状的稳定结构。

当工作面推进 44 m 时,基本顶 H2 发生初次垮落,液压支架的工作阻力出现了大幅度、

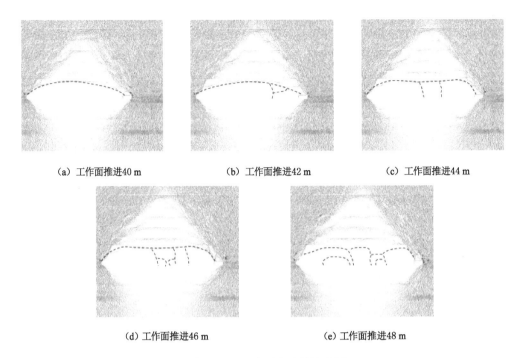

(a) 工作面推进40 m　　(b) 工作面推进42 m　　(c) 工作面推进44 m

(d) 工作面推进46 m　　(e) 工作面推进48 m

图 4-11　H2 岩层主力链演变图

高频且长时间的升降变化。由图 4-10 的形态图可知,此时工作面一侧的基本顶 H2 破断成数段,而开切眼一侧基本顶则未再发生明显破断。同时,两侧基本顶 H2 以开切眼和工作面处的岩层为支撑,并以采空区中段破断后形成的裂缝为对称中心,发生回转和下沉。由图 4-11(c)可知,此时基本顶 H2 延续上一次开挖后的状态,而与碎胀后的直接顶 H1 充分接触,且此时基本顶 H2 中的三铰拱状结构分解为多点支撑结构。同时,在直接顶的支撑作用下,基本顶形成砌体梁结构,破断后的岩层在支撑力、摩擦力和横向压力的共同作用下形成悬空。因此,液压支架在工作面一侧基本顶多次破断及垮落的影响下,工作阻力产生较大范围的波动。

当工作面推进 46 m 时,H2 岩层继续维持砌体梁结构,但随着压力的增加,碎胀后的基本顶 H1 再次被压实,从此时的力链图可知直接顶与基本顶之间的力链逐渐增多。当工作面推进 48 m 时,液压支架正上方基本顶 H2 在重力作用下破断,由形态图可知采空区内破断后的 H2 岩层基本垮落,未形成新的砌体梁结构。垮落后的 H2 岩层形成主要的两个大块体及若干小块体,由力链图可知基本顶在直接顶和采空区两帮的支撑下继续维持稳定。在这两次开挖的过程中,顶板的破断程度较小,且有碎胀后的岩层支撑,故液压支架工作阻力的波动较小。

随着直接顶 H1 和基本顶 H2 的初次垮落,更高位置的 H3～H8 岩层失去底部的直接支撑作用,软硬互层结构的岩层在重力和上覆载荷的作用下发生不同程度的破断和分离。但由于煤层厚度相对其他岩层的厚度较薄,且垮落的直接顶 H1 和基本顶 H2 总厚度远大于煤层厚度,采空区的空间被垮落并发生碎胀的岩石填满。更高位置的岩层在破断并下沉少量距离后便与垮落后的岩石接触,而垮落后的岩石在重新压实后对更高位置的岩层再次起到支撑作用。在模拟中,更高位置的岩层不再发生明显的垮落,而是随着工作面推进而发生破断和下沉,故对于更高位置岩层的破断及其对支架的影响单独分析。

4.2.2 覆岩破断及来压规律分析

(1)基本顶随推进距离增加的破坏规律

随着工作面的进一步推进,采空区正上方的岩层重力及载荷向采空区两端岩层转移,采空区两端岩层的垂直应力逐渐增加。从图 4-12 中不同工作面推进距离的应力分布图可知,随着压应力的转移,采空区上方呈现出三角形状的卸压区。同时,采空区覆岩虽失去采空区煤层直接支撑,但两端仍受增加之后的垂直压力固定,故此时采空区上方岩层可视为固定梁结构。随着采空区的扩大,岩层在重力及载荷的作用下弯曲下沉,岩层两端水平方向拉应力逐渐增加,当岩层内拉应力达到最大时,岩层发生破断。随着工作面的继续推进,工作面一侧岩层逐渐形成悬臂梁结构,同时悬臂梁结构上的压应力随着载荷沿三铰拱转移而逐渐增加,直至岩层再次发生破断和回转。

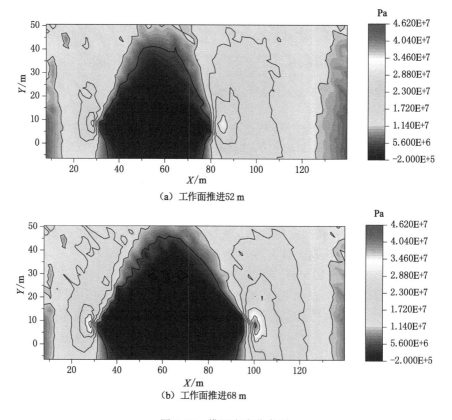

图 4-12　模型应力分布图

图 4-13 所示为不同工作面推进距离下的力链分布图,而图 4-14 所示为不同工作面推进距离下的力链值云图,由图中的力链大小及力链分布,可大致推断岩层的破断以及此时岩层的力学状态。由图 4-13(a)～(d)可知,工作面推进距离从 52 m 增加至 58 m 过程中,采空区上方岩层破断从以岩层内拉应力为主的拉伸破坏,演化成以岩层间垂直压力为主的

挤压破坏。工作面一侧岩层的裂缝在压应力作用下发展至第 H8 岩层,而开切眼一侧岩层的裂缝在压应力和拉应力共同作用下发展至第 H9 岩层。结合应力图的分布及变化规律可知,三角状的卸压区中,底部岩层失去垂直压力和支承力作用的范围较大,岩层内较长的区域需靠采空区两端的拉应力维持不破坏。而由图 4-14(a)、(b)可知,随着采空区的扩大和岩层的下沉,H3 岩层与碎胀后的 H2 岩层接触,岩层底部再次受到直接顶的支承力作用。故此时 H3 岩层虽已经形成较明显的裂缝和破断,但并未有明显的垮落位移。

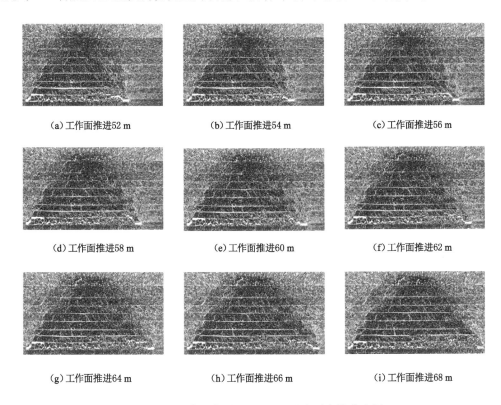

(a)工作面推进52 m　　　　(b)工作面推进54 m　　　　(c)工作面推进56 m

(d)工作面推进58 m　　　　(e)工作面推进60 m　　　　(f)工作面推进62 m

(g)工作面推进64 m　　　　(h)工作面推进66 m　　　　(i)工作面推进68 m

图 4-13　工作面推进 52~68 m 基本顶力链分布图

由图 4-13 中工作面推进距离从 60 m 增加至 68 m 的力链分布图可知,工作面一侧覆岩中 H1、H2 岩层的悬臂梁在压应力作用下发生挤压破碎,但随着工作面继续推进,H1、H2 岩层又再次悬空并形成新的悬臂梁。而软硬互层的顶板结构中,关键层的破断距变化趋势并不规律,故在软、硬岩层间的相互影响下,基本顶的整体破断距极不规律。同时,由图 4-14 中的力链大小分布图可知,随着工作面的进一步推进,H4 及 H3 岩层在重力和覆岩载荷的作用下下沉,并与破断填充采空区的 H1、H2 岩层块体充分接触,采空区块体逐渐对 H3 及 H4 岩层起到支撑作用,且支撑力逐渐增强。

如图 4-15 所示,随着工作面的进一步推进,采空区正上方的低应力区域进一步扩大,但同时采空区中心出现了连接覆岩、底板及破断岩层的应力集中。对比图 4-16 中工作面与开切眼上方的力链分布可知,受不同关键层破断距的相互叠加及软硬岩层的相互作用影响,工作面上方岩层的破断较为频繁,岩层内裂缝也较为密集。如图 4-16 中力链及力链间裂隙所示,破断后的上覆岩层逐渐往采空区中心回转下压,并以采空区中心、工作面一侧岩层为

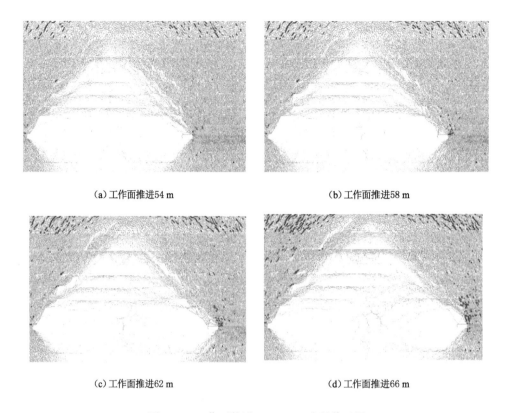

（a）工作面推进54 m　　　　　　　　（b）工作面推进58 m

（c）工作面推进62 m　　　　　　　　（d）工作面推进66 m

图 4-14　工作面推进 54～66 m 力链值云图

支承形成新的三铰拱结构。同时由于顶板随着工作面推进而发生不规律且频繁的破断，工作面上方岩层随工作面的推进也频繁发生结构失稳——结构重建的过程。如图 4-17 中的力链大小分布所示，破断下沉后的顶板在采空区中心处重新压实，并形成连接覆岩和底板的主力链。由于软硬结构顶板的频繁破断和下沉，采空区主力链的分布范围快速扩大。

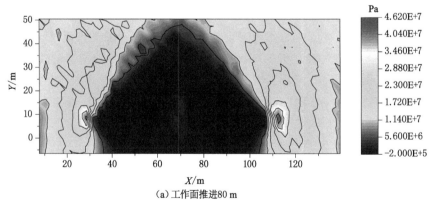

（a）工作面推进80 m

图 4-15　模型应力分布图

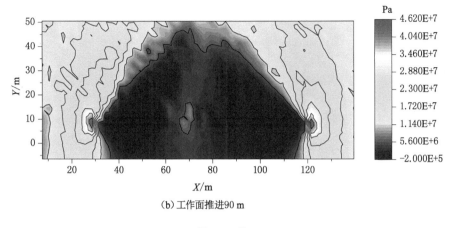

（b）工作面推进90 m

图 4-15（续）

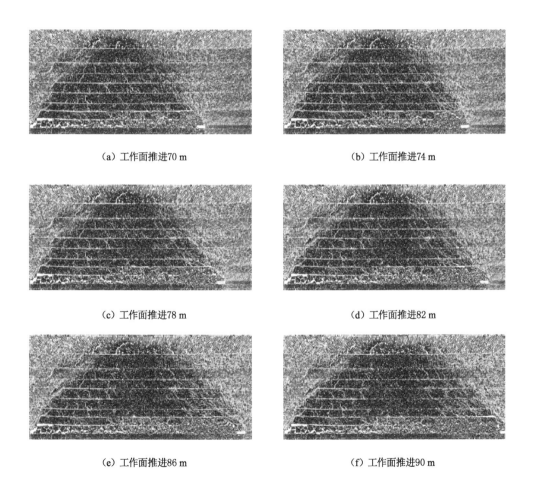

（a）工作面推进70 m

（b）工作面推进74 m

（c）工作面推进78 m

（d）工作面推进82 m

（e）工作面推进86 m

（f）工作面推进90 m

图 4-16　工作面推进 70～90 m 力链分布图

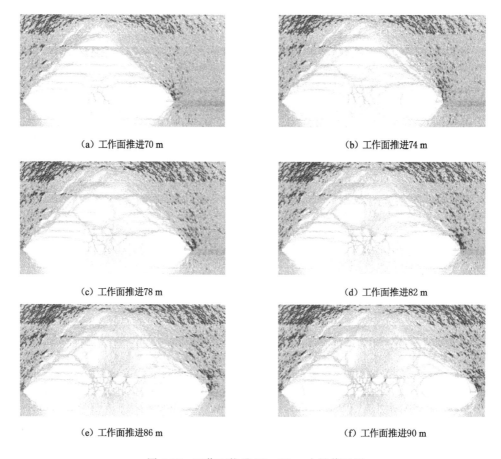

(a) 工作面推进70 m　　　　　　　(b) 工作面推进74 m

(c) 工作面推进78 m　　　　　　　(d) 工作面推进82 m

(e) 工作面推进86 m　　　　　　　(f) 工作面推进90 m

图 4-17　工作面推进 70～90 m 力链值云图

（2）液压支架工作阻力变化规律

当工作面推进时，受直接接触的覆岩破断和下沉影响，液压支架工作阻力不断发生波动，因此工作阻力数据在一定程度上反映了顶板的破坏和下沉规律。图 4-18 及图 4-19 所示为工作阻力随运算时步的变化曲线。由图 4-18 可知，当工作面推进 58 m、60 m 时，液压支架工作阻力出现了较明显的波动和增幅，对比此时的力链图可知，工作阻力的波动与 H2 岩层的再次垮落和 H3 岩层的破断下沉相对应。而图 4-18 中工作面推进 64～66 m 时工作阻力的波动，可对应为 H1、H2 岩层的再次垮落，H3、H4 岩层的协同破断和下压。工作面推进 68 m 时，不同岩层垮落和破断下压同步发生，故其波动较前几次推进时更大。且 H3、H4 岩层再次受到了下位岩层的支撑，回转下沉所用时间更长，其对液压支架的影响时间也更长。

当工作面推进 70～90 m 时，液压支架的工作阻力如图 4-19 所示，在每次工作面推进过程中，液压支架的工作阻力均受不同程度的顶板来压和卸压影响。从图中可知，此时液压支架的波动较为频繁，但来压步距无明显的周期性，整体分布规律呈一定离散性，与现场监测到的来压步距情况一致。同时每次来压时，液压支架工作阻力的升高和降低幅度也呈离散型分布，与动载系数分布和波动的离散型规律一致。而从上文中分析已知，此时岩层采

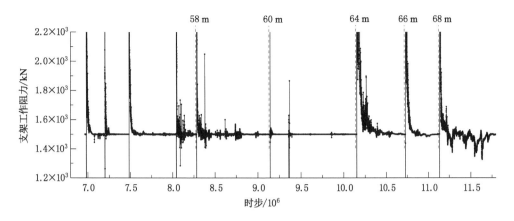

图 4-18　工作面推进 50～68 m 液压支架工作阻力

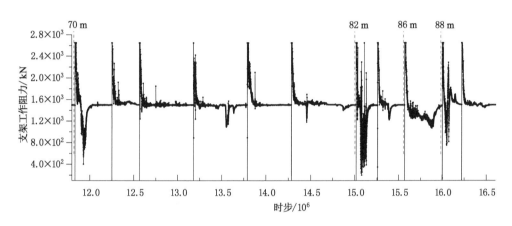

图 4-19　工作面推进 70～90 m 液压支架工作阻力

空区中心位置已发生破断和下沉,且下沉后的岩层在下位岩层的支撑下重新达到了平衡。但随工作面的进一步推进,工作面一端重新裸露出新的岩层,并形成了悬臂梁结构。而在悬臂梁达到一定长度后,岩层会在上覆岩层的载荷及自身重力的作用下再次发生破断和下沉。但由于不同岩层的岩性和厚度不同,不同岩层悬臂梁的演变过程并不完全同步,且软硬互层的顶板结构中,软硬顶板间的破坏相互影响,顶板的破断并不规律。因此,当工作面推进距离达到 70 m 后,在每次工作面推进时,覆岩高频但不集中地发生破断和下沉,对应为图 4-19 中工作阻力的高频但较低幅度的波动。同时,由于覆岩中存在较硬岩层,在其发生破断前承担了上覆岩层的重力,故其破断下沉时对液压支架的影响较大,如图 4-19 中工作面推进 70 m、82 m、86 m 及 88 m 时的工作阻力。

　　(3)支承压力变化规律分析

　　采场应力随着工作面推进而发生变化,其中支承应力的变化从一定程度上反映了覆岩结构的演化。图 4-20、图 4-21 所示为工作面从开切眼至 90 m 的不同推进距离下,模型范围内采场的支承压力分布图。如图 4-20 所示,当工作面推进距离从 8 m 增加至 48 m 时,随着覆岩载荷向两帮转移,最大支承压力整体呈上升趋势。其中工作面分别推进 38 m 和 48 m

时,最大支承压力出现了小幅度的下降,分别对应 H1 岩层中的悬臂梁和 H2 岩层中的砌体梁发生垮落。但在 H1 岩层和 H2 岩层发生初次垮落时支承压力无明显的下降,推断此时随工作面推进而转移至工作面前方的上覆顶板载荷大于随 H1、H2 岩层垮落而减少的载荷。同时,在岩层垮落后,工作面一侧岩层支承压力逐渐大于开切眼一侧,分析原因为新裸露但未发生破断的岩层形成了悬臂梁,悬臂梁的重力增加了工作面一侧支承压力。

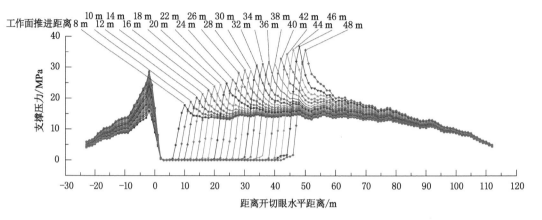

图 4-20 工作面推进 8～48 m 采场支承压力分布图

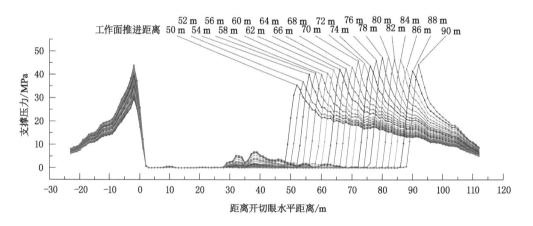

图 4-21 工作面推进 50～90 m 采场支承压力分布图

图 4-21 所示为工作面推进距离从 50 m 发展至 90 m 时的支承压力曲线,其中当工作面推进距离达到 80 m 时支承压力达到最大值 47.79 MPa。结合形态图和力链图分析可知,随着工作面的推进,顶板发生破断和垮落后,支承压力最大值发生下降,且随着软硬互层结构覆岩的不规律破断和垮落,支承压力最大值趋向稳定,其最大值在 40～50 MPa 之间波动。从图中距开切眼 28～68 m 的支承压力值的变化可知,基本顶破断下沉后重新与碎胀的 H1、H2 岩层接触,同时,这一部分随着工作面推进而逐渐增强的支承压力,分担了部分采空区覆岩的重力及载荷,这也是支承压力最大值趋向稳定的原因。

从以上分析中可知,在直接顶 H1 和基本顶 H2 垮落后,基本顶主要以三铰拱结构维持稳定。但岩层随着工作面的推进发生破断,且在回转下沉后相互挤压和支撑,岩层中三铰拱结构形成破断失稳—挤压重建—破断失稳的循环演变过程。工作面液压支架的工作阻力受岩层的破断和失稳影响而发生波动,但在软硬互层顶板结构的影响下,基本顶的来压十分不规律。同时在覆岩载荷转移后,采空区两端岩层应力剧增,基本顶的破坏也愈加频繁,这使得基本顶的来压从一开始间距 12 m、14 m、10 m 发展到后期的无规律和高频次。

4.2.3　顶板的协同破坏分析

从第 2 章的分析中已知,软硬组合岩体的破坏特征与单一岩性岩体的破坏特征有较大差异。软岩在一定程度上会带动硬岩的破坏,进而在一定程度上会弱化硬岩的强度。故在软硬互层顶板结构的工况中,岩层的破坏及垮落规律较为复杂,其中岩层间的协同破坏对顶板垮落及工作面来压影响最大。为研究顶板的协同破坏规律,以支承应力达到稳定为节点,分两部分进行研究。

（1）支承应力达到稳定前

图 4-22 所示为不同工作面推进距离下,岩层中因协同破坏而产生的裂隙分布图。如图 4-22 中(a)所示,煤层开切眼贯通后,采空区两端均出现了不同程度的裂隙。其中采空区预留煤柱一端,形成了贯通 H1～H3 岩层的裂隙,而工作面一端在重力及载荷作用下,岩层间也产生了部分破坏。如图 4-22 中(b)所示,裂隙随着工作面推进而逐渐发展,其中 1 号裂隙在 H2 软岩层的影响下向 H3 硬岩层中快速发展。如图 4-22(b)～(g)的 2、3 号裂隙所示,在拉应力和剪切力的作用下,内聚力较弱的软岩层先发生破坏并产生裂隙。随着工作面的推进,拉应力和剪切力逐渐增加,软岩层中的裂隙继续发展,并通过岩层间作用力拉动相邻硬岩层发生破坏。这与第 2 章中软硬互层岩体的破坏特征相似,软硬岩层协同破坏会降低硬岩层的强度。从图中还可知,软岩层破坏主要对上方硬岩层带来影响,裂隙也从下方软岩层向上方硬岩层发展。同时,软岩层破坏后会逐渐下压至下方硬岩层,进而加剧了下方硬岩层的破坏。此时岩层中协同破坏产生的裂缝主要集中在煤柱一端,分析原因为液压支架分担了部分顶板中的载荷,故工作面一端顶板破坏相对较少。

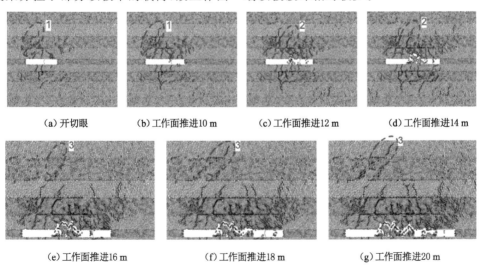

（a）开切眼　　　　（b）工作面推进10 m　　　　（c）工作面推进12 m　　　　（d）工作面推进14 m

（e）工作面推进16 m　　　　（f）工作面推进18 m　　　　（g）工作面推进20 m

图 4-22　不同工作面推进距离下协同破坏图

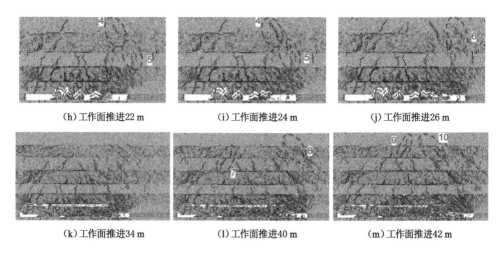

（h）工作面推进22 m　　　　（i）工作面推进24 m　　　　（j）工作面推进26 m

（k）工作面推进34 m　　　　（l）工作面推进40 m　　　　（m）工作面推进42 m

图 4-22（续）

如图 4-22（h）~（j）所示,在工作面推进 22 m 后,工作面一端顶板也出现了软硬岩层的协同破坏。结合此时的力链及应力分布图可知,岩层重力及载荷在三铰拱结构的引导下向采空区两端传递,且采空区上方岩层间压力逐渐向工作面一端转移。因此采空区上方岩层两端破坏程度逐渐均匀,且串联不同岩层的协同破坏也均在两端岩层中形成。如图 4-22（k）~（m）所示,在直接顶 H1 岩层发生初次垮落后,岩层中新裂隙主要在工作面一侧形成。结合应力的分布规律可知,此时工作面一侧岩层内应力略大于开切眼一侧。同时,垮落后的 H1、H2 不断裸露形成的悬臂梁,在上方载荷的作用下不断发生弯曲,并形成新的裂隙。但在图（h）~（m）中,4、5、7 号裂隙均由硬岩层向软岩层发展。其中,5、7 号裂隙是由硬岩层向上方的软岩层发展,与上下岩层的卸压区长度相符合。而 4 号裂隙从硬岩层向下方的软岩层发展,分析原因为硬岩层发生破坏后下压至软岩层,进而促进了软岩层沿裂隙发生破坏。由此可知,软硬岩层间的破坏是相互影响的,软岩层破坏带来的串联破坏会降低硬岩层强度,而岩层的破断下沉也会促使下方岩层发生破坏。

（2）支承应力达到稳定后

随着工作面继续推进,采空区上方岩层发生垮落、下沉和压实,采场范围内支承应力最大值逐渐趋于稳定,但垮落后的岩层被逐渐压实的同时,岩层也逐渐缓慢下沉。同时由于岩层不均匀的下沉和弯曲,岩层内裂缝仍随着时间推移而不断发展,故如图 4-23 中 2、4 号裂隙所示,岩层间形成了不同程度的裂隙。如图 4-23 中 1、7、8、9 号裂隙所示,随着开切眼一侧岩层内应力逐渐稳定,工作面上方应力分布也逐渐规律化,岩层中的破坏开始往工作面上方集中,此时岩层中的砌体梁和悬臂梁结构在载荷及重力作用下发生破碎后产生新裂隙。

以上裂隙仍是硬岩在软岩破坏后,沿软岩中的裂隙继续形成和发展的。而如图中所示,软硬互层顶板中的软岩层在载荷作用下先发生了破坏,破坏后软岩层内裂隙逐渐扩张,并对相邻硬岩层产生相互作用的切向力。硬岩层在软岩层裂隙扩张带来的切向拉应力及上层岩石的载荷作用下,沿上下软岩中的裂隙发生破坏和贯通,并形成了图 4-23 中 3、5、6 号所示的长裂隙。同时,随着支承应力逐渐稳定,岩层内形成的破坏及裂缝也逐渐趋向规

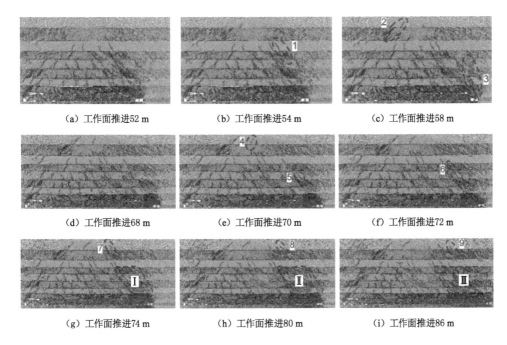

图 4-23 不同工作面推进距离下岩层裂隙分布图

律化,如图 4-23(g)～(i) I ～ Ⅲ区所示,工作面正上方岩层中形成平行四边形状的破坏区。其中破坏区主要分布在 H3～H6 岩层,并以 H2～H3、H6～H7 岩层间边界为上下边界,左侧以 6 号斜长裂缝为边界,右侧以工作面推进后形成的新裂缝为边界,同时由于工作面上方岩层内应力规律化,每次推进后右侧形成的新裂缝与水平面夹角也趋于一致。

基本顶的破坏以拉裂破坏为主,并伴随回转下沉、梯级式下沉等岩层变形。而由于覆岩是软硬互层结构,上方软岩破坏下沉后,增加了下方硬岩层需承受的载荷,促使了硬岩层的破断。同时,软岩层中裂隙在扩张发展过程中,对相邻岩层有切向作用,进而促使硬岩层沿软岩层原有裂缝发生破坏。整体上,软硬互层结构中岩层的破坏是相互影响并促进的,因此软硬互层结构覆岩的整体力学强度明显低于其中的硬岩层力学强度。

4.3 互层顶板工作面矿压观测分析

4.3.1 软硬互层顶板断裂矿压观测方案

(1)观测工具

本次矿压观测选用天玛电液控制系统的液压支架工作阻力监测模块,该模块可以实时监测液压支架工作阻力变化情况。同时,该系统可以实现井下与地面数据实时传输。在矿压观测分析时,主要选取支架的初撑力和循环末阻力。

(2)测线布置

在工作面 129 台液压支架上每隔 20 架布置一个测点,即将测点布置在 20#、40#、60#、80#、100#、120# 支架上,工作面共布置了 6 条测线。从工作面开切眼开采时就开始进行矿压观测,一直观测到工作面与回撤通道贯通结束为止,本次研究主要分析自开切眼起 180 m 范围内矿压显现特征。2201 综采工作面矿压观测测点分布如图 4-24 所示。

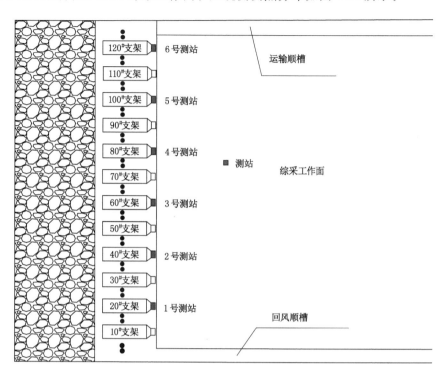

图 4-24　测线布置图

4.3.2　支架来压特征值确定

伴随着工作面回采工作的进行,煤层上方的直接顶将会随着工作面推进而垮落,这部分覆岩的压力始终作用在支架上。而直接顶上方的基本顶在岩梁的作用下,超过其承载步距才会发生断裂垮落,并将基本顶覆岩的压力通过直接顶传递到液压支架上,由于基本顶的垮落具有步距特征,因此也就造成液压支架上的周期来压现象。所以,通过液压支架工作阻力的变化就可判定顶板的来压情况,以便提前做好安全防护措施。

基本顶来压步距的判定方法为,先沿着采煤工作面推进方向绘制出工作阻力的分布曲线,以观测日期(日/月)为横坐标,纵坐标为各循环的循环末阻力 p_t、初撑力 p_0,然后以实测工作阻力平均值加其 1 倍均方差作为基本顶的来压判据。以循环末阻力为指标作为来压判据的公式分别如式(4-2)～式(4-4)所示:

$$\sigma_p = \sqrt{\frac{1}{n} \sum_{i=1}^{n} (p_{ti} - \bar{p}_t)^2} \tag{4-2}$$

$$\bar{p}_t = \frac{1}{n} \sum_{i=1}^{n} p_{ti} \tag{4-3}$$

式中　σ_p——支架平均循环末阻力的均方差;

　　　n——实际的循环数量;

p_{ti}——循环中测得的末阻力值；

$\overline{p}_t$——平均循环末阻力值。

则以循环末阻力作为顶板来压判据为：

$$p'_t = \sigma_p + \overline{p}_t \tag{4-4}$$

以初撑力为指标作为来压判据的公式分别如式（4-5）～式（4-7）所示：

$$\sigma_g = \sqrt{\frac{1}{n}\sum_{i=1}^{n}(p_{0i} - \overline{p}_0)^2} \tag{4-5}$$

$$\overline{p}_0 = \frac{1}{n}\sum_{i=1}^{n}p_{0i} \tag{4-6}$$

式中　σ_g——支架平均循环初撑阻力的均方差；

n——实际的循环数量；

p_{0i}——循环中测得的初撑阻力值；

$\overline{p}_0$——平均初撑阻力值。

则以初撑阻力作为顶板来压判据的公式为：

$$p'_0 = \sigma_g + \overline{p}_0 \tag{4-7}$$

动载系数常用来作为衡量顶板来压强度的指标。动载系数是历次来压时与来压前支护阻力平均值的比值,反映了顶板来压的强弱。动载系数 k 可表示为：

$$k = \frac{p_c}{p_n} \tag{4-8}$$

式中　k——动载系数；

p_c——顶板来压期间支护阻力平均值；

p_n——顶板非来压期间支护阻力平均值。

4.3.3　互层顶板工作面矿压显现分析

（1）确定来压的判据

以工作面实测工作阻力平均值（$\overline{p}$）加其 1 倍均方差（σ_p）为基本顶来压的判据（p'）,结合公式（4-2）～公式（4-7）计算得到各条测线来压判据见表 4-3、表 4-4。在工作面实测工作阻力分布总图上标记出判据线,观察超过 p'_0 和 p'_t 的数据,确定基本顶来压的位置、顺序和性质。

表 4-3　工作面 1 月 10 日至 2 月 13 日基本顶来压判据

判据	数值/MPa					
	20# 架	40# 架	60# 架	80# 架	100# 架	120# 架
$\overline{p}_0$	23.8	24.5	24.4	22.9	23.2	23.4
σ_{p0}	4.1	4.1	4.4	3.8	5.4	5.8
$p'_0 = \overline{p}_0 + \sigma_{p0}$	27.9	28.6	28.8	26.7	28.6	29.2
$\overline{p}_t$	30.1	32.4	30.4	30.3	31.8	31.9
σ_{pt}	3.1	4.7	5.1	3.6	6.3	6.3
$p'_t = \overline{p}_t + \sigma_{pt}$	33.2	37.1	35.5	33.9	38.0	38.2

表 4-4　工作面 2 月 14 日至 3 月 18 日基本顶来压判据

判据	数值/MPa					
	$20^{\#}$ 架	$40^{\#}$ 架	$60^{\#}$ 架	$80^{\#}$ 架	$100^{\#}$ 架	$120^{\#}$ 架
$\bar{p}_0$	24.5	26.2	25.6	26.4	26.7	26.5
σ_{p0}	4.3	2.8	3.3	3.0	2.9	3.3
$p_0' = \bar{p}_0 + \sigma_{p0}$	28.8	29.1	28.9	29.4	29.7	29.9
$\bar{p}_t$	33.0	30.9	33.1	32.0	32.5	33.8
σ_{pt}	4.4	4.4	4.9	5.0	4.4	5.0
$p_t' = \bar{p}_t + \sigma_{pt}$	37.3	35.2	38.0	36.9	36.9	38.8

（2）工作面矿压显现基本特征分析

根据液压支架工作阻力变化统计各测线支架的初撑力与末阻力，结合初撑力和末阻力来压判据绘制液压支架工作阻力变化图，当初撑力与末阻力值均超过判据时为顶板来压阶段，限于篇幅，本书仅给出上、中、下部支架（$20^{\#}$ 支架、$60^{\#}$ 支架、$120^{\#}$ 支架）工作阻力图，如图 4-25～图 4-27 所示。由图可知，上、中、下部各测线初次来压步距分别为 32.8 m、28.2 m 以及 34.5 m，工作面各测线初次来压步距相差不大，受回采巷道支护以及煤柱影响，上部与下部的来压步距略大于中部。

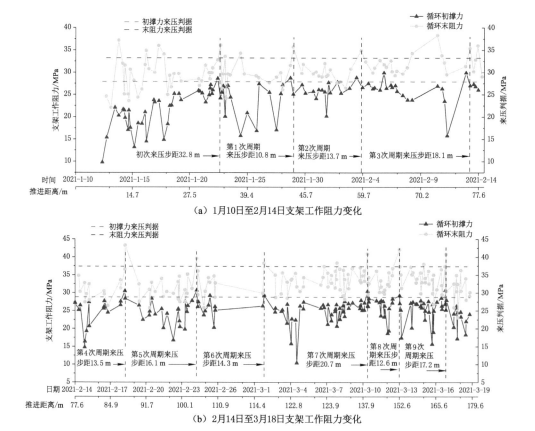

（a）1月10日至2月14日支架工作阻力变化

（b）2月14日至3月18日支架工作阻力变化

图 4-25　$20^{\#}$ 支架实测工作阻力变化

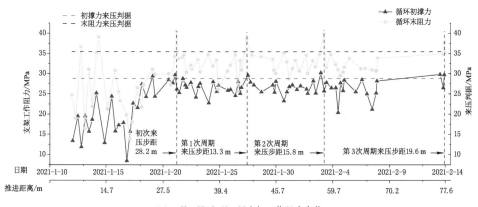

（a）1月10日至2月14日支架工作阻力变化

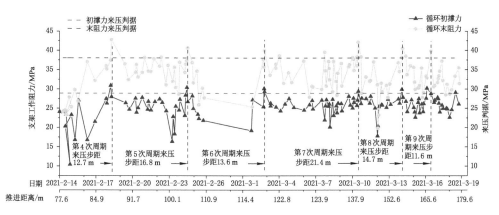

（b）2月14日至3月18日支架工作阻力变化

图 4-26　60# 支架实测工作阻力变化

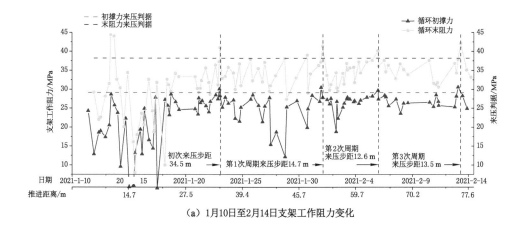

（a）1月10日至2月14日支架工作阻力变化

图 4-27　120# 支架实测工作阻力变化

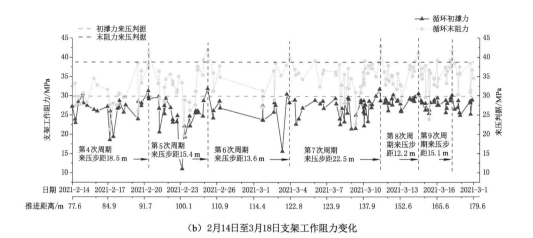

（b）2月14日至3月18日支架工作阻力变化

图 4-27（续）

图 4-25 所示为上部测线 20# 液压支架工作阻力变化图,在工作面推进 180 m 范围内上部共形成 9 次周期来压现象,步距分别为 10.8 m、13.7 m、18.1 m、13.5 m、16.1 m、14.3 m、20.7 m、12.6 m、17.2 m,其中最大周期来压步距 20.7 m,最小周期来压步距 10.8 m,最大来压工作阻力为 43.3 MPa。图 4-26 所示为中部测线 60# 液压支架工作阻力变化图,在工作面推进 180 m 范围内中部同样形成 9 次周期来压现象,步距分别为 13.3 m、15.8 m、19.6 m、12.7 m、16.8 m、13.6 m、21.4 m、14.7 m、11.6 m,其中最大周期来压步距 21.4 m,最小周期来压步距 11.6 m,最大来压工作阻力为 42.8 MPa。图 4-27 所示为下部测线 120# 液压支架工作阻力变化图,在工作面推进 180 m 范围内下部同样形成 9 次周期来压现象,步距分别为 14.7 m、12.6 m、13.5 m、18.5 m、15.4 m、13.6 m、22.5 m、12.2 m、15.1 m,其中最大周期来压步距 22.5 m,最小周期来压步距 12.2 m,最大来压工作阻力为 42.9 MPa。通过上、中、下部测线周期来压步距变化可以看出各测线范围内工作面顶板周期来压步距一致性较差,其中最大与最小来压步距相差近 1 倍,并且其他来压步距的离散性同样较大。造成周期来压步距离散性较大可能与软硬互层顶板结构有关,第 2 章试验研究表明软硬层状岩体的破坏以拉伸破坏为主,并且软硬岩层间的拉应力具有协同破坏作用。工作面推进过程中顶板岩梁的破断同样为拉应力作用,顶板中泥岩的承载力较差,率先发生拉伸破坏,在岩层间协同破坏作用影响下砂岩层也随之发生破坏,而二者之间协同作用力具有一定的离散性,所以软硬互层顶板工作面的周期来压步距具有不规律现象。

表 4-5、表 4-6 所示为各测线顶板来压步距与动载系数,表中其他测线的来压步距同样具有一定的离散性。k 为各测线顶板来压期间支架的动载系数,动载系数的大小可以反映顶板来压的强烈程度。上部 20# 测线动载系数分别为 1.46、1.19、1.35、1.42、1.22、1.39、1.16、1.57、1.23、1.14,其中最大动载系数为第 7 次周期来压的 1.57,最小动载系为第 6 次周期来压的 1.16;中部 60# 测线动载系数分别为 1.52、1.26、1.13、1.33、1.21、1.44、1.19、1.56、1.48、1.37,其中最大动载系数为第 7 次周期来压的 1.56,最小动载系数为第 2 次周期来压的 1.13;下部 120# 测线动载系数分别为 1.39、1.23、1.41、1.16、1.27、1.12、1.35、1.47、1.52、1.42,最大动载系数为第 8 次周期来压的 1.52,最小动载系数为第 5 次周期来

压的 1.12。通过表中各测线的最大动载系数可知,测线中最大动载系数均发生在第 7 次、第 8 次周期来压期间,说明在该阶段内工作面顶板存在整体破断的现象,造成整个工作面支架动载系数增大。通过各测线内来压阶段支架的动载系数变化可以发现,在观测的 180 m 范围内支架动载系数离散性同样较大,动载系数分布范围主要集中在 1.12～1.57 之间。动载系数离散性大表明顶板来压的剧烈程度差距较大,分析其原因可能与顶板中岩层厚度变化有关,受地质构造影响各岩层的厚度是起伏变化的,而软硬岩层厚度的变化将对二者间协同作用效果产生影响,继而造成顶板的破断程度不同。同时,顶板的周期来压步距不规律也是引起动载系数离散性较大的一个因素。

表 4-5　1 月 10 日至 2 月 14 日工作面顶板来压步距及动载系数

测线编号	$T_初$/m	$k_初$	T_1/m	k_1	T_2/m	k_2	T_3/m	k_3
20#	32.8	1.46	10.8	1.19	13.7	1.35	18.1	1.42
40#	30.6	1.38	11.7	1.22	12.6	1.43	17.3	1.38
60#	28.2	1.52	13.3	1.26	15.8	1.13	19.6	1.33
80#	27.4	1.49	11.7	1.31	16.5	1.22	17.9	1.28
100#	31.7	1.54	12.4	1.33	15.6	1.31	14.7	1.16
120#	34.5	1.39	14.7	1.23	12.6	1.41	13.5	1.16

注:$T_初$为顶板初次来压步距,T_1为第 1 次周期来压步距……;$k_初$为初次来压动载系数,k_1为第 1 次周期来压动载系数……。

表 4-6　2 月 14 日至 3 月 18 日工作面顶板来压步距及动载系数

测线编号	T_4/m	k_4	T_5/m	k_5	T_6/m	k_6	T_7/m	k_7	T_8/m	k_8	T_9/m	k_9
20#	13.5	1.22	16.1	1.39	14.3	1.16	20.7	1.57	12.6	1.23	17.2	1.41
40#	12.2	1.13	18.3	1.47	15.5	1.26	19.4	1.51	11.9	1.46	15.7	1.29
60#	12.7	1.21	16.8	1.44	13.6	1.19	21.4	1.56	14.7	1.48	11.6	1.37
80#	14.8	1.13	15.2	1.43	16.4	1.15	22.3	1.53	13.5	1.44	17.8	1.27
100#	16.9	1.29	14.3	1.37	15.1	1.41	18.4	1.55	11.3	1.43	16.2	1.24
120#	18.5	1.27	15.4	1.12	13.6	1.35	22.5	1.47	12.2	1.52	15.1	1.42

注:T_4为第 4 次周期来压步距,T_5为第 5 次周期来压步距……;k_4为第 4 次周期来压动载系数,k_5为第 5 次周期来压动载系数……。

4.4　互层底板破坏特征及范围分析

在近距离煤层下行开采的工况中,上位煤层采动时煤层间岩层破坏程度以及底板的最大破坏深度对下部煤层的后续开采有直接影响。2# 煤层与 5# 煤层的埋深均超过了 600 m,煤层上下岩层内的原岩应力较大。2# 煤层开采后,采空区两端煤壁内支承应力急剧上升,底板在高应力作用下发生破坏和滑移。而 2# 煤层与 5# 煤层间夹层的厚度仅有 11.7 m,故 2# 煤层开采带来的底板破坏将直接影响 5# 煤层的后续开采。为确定 2# 煤层开采对 5# 煤层后续开采的影响程度,利用改进后的塑性滑移线场理论,结合 J1～J4 岩层的力学特征及模拟结果对夹层的破坏程度进行研究。

4.4.1 复合结构塑性滑移线场理论计算

通过对底板破坏深度的简易计算可知,该工况下底板破坏深度远大于 2# 煤层与 5# 煤层间岩层的单层厚度。同时从岩层的力学性质表(表 4-1)中可知,2# 煤层与 5# 煤层间 J1~J4 岩层的岩性差异较大,故底板的破坏相对较复杂。为获取底板破坏深度较准确的计算结果,李昂等[141]基于适用于底板岩体的极限承载简易计算公式,在考虑主动极限区深度 H_0 不同大小的情况下,将 3 种不同岩性岩层组成的底板分为 5 种工况,并分别推导了不同工况下的破坏深度计算公式。如图 4-28 所示,煤层底板在支承应力下发生塑性破坏,且由于岩层摩擦角的不同,主动塑性破坏区逐层发生变化。在达到主动破坏区最大深度后,主动破坏区岩层下方岩层发生横线滑移,进而推动采空区底板发生破坏。

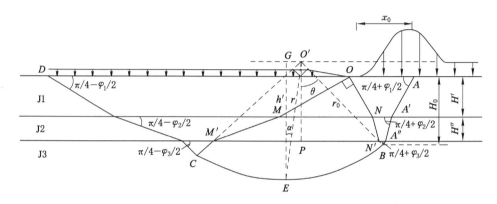

注:H''' 为 J3 层厚度。

图 4-28 $H'+H''+H'''>H_0>H'+H''$ 工况下塑性滑移破坏区域计算简图

如图 4-28 所示,根据煤体屈服区的长度值 x_a 及三角函数关系,可求得主动破坏区最大深度 H_0。其中 x_a 由式(4-9)及煤层内摩擦角 φ_0、煤层埋深 H、采煤高度 M 等因子可求得为 6.657 m,进而可计算得 H_0 为 6.334 m。而 2# 煤层与 5# 煤层间 J1~J4 岩层厚度分别为 1.75 m、2.6 m、3.6 m 及 3.75 m,满足图 4-28 中 $H'+H''+H'''>H_0>H'+H''$ 的工况。式(4-12)所示为结合岩层力学关系及图 4-28 中破坏区的几何形状,推导获得的底板最大破坏深度计算式。结合 J1~J4 岩层的岩性及式(4-12)、(4-13)可求得 2# 煤层开采后,对复合结构底板的理论最大破坏深度为 12.56 m。因此,通过理论分析可知上方煤层开采后对下伏煤层开采存在一定的影响。

$$x_a = \frac{M}{F}\ln(10\gamma H) \tag{4-9}$$

式中 H——煤层埋藏深度。

x_a——煤体屈服区的长度。

M——工作面回采高度。

$$F = \frac{K_1-1}{\sqrt{K_1}} + \left(\frac{K_1-1}{\sqrt{K_1}}\right)^2 \arctan\sqrt{K_1} \tag{4-10}$$

$$K_1 = \frac{1 + \sin \varphi_0}{1 - \sin \varphi_0} \tag{4-11}$$

$H' + H'' + H''' > H_0 > H' + H''$ 工况下最大破坏深度 h_0 计算公式为：

$$h_0 = H' + H'' + \exp(e\tan \varphi_3)\cos \varphi_3 \left\{ \left\{ H'[\tan a + \tan b] + \frac{H''}{\tan c} + \frac{H''}{\tan d} \right\}\cos e + \right.$$
$$\left. \frac{x_0 - 2H'\tan b - 2H''\tan d}{2\cos c} \right\} - \left\{ H'[\tan a + \tan b] + \frac{H''}{\tan c} + \frac{H''}{\tan d} \right\}\frac{\sin 2c}{2} \tag{4-12}$$

$$\begin{cases} a = \frac{\pi}{4} + \frac{\varphi_1}{2}, b = \frac{\pi}{4} + \frac{\varphi_1}{2} \\ c = \frac{\pi}{4} + \frac{\varphi_2}{2}, d = \frac{\pi}{4} + \frac{\varphi_2}{2} \\ e = \frac{\pi}{4} + \frac{\varphi_3}{2}, f = \frac{\pi}{4} + \frac{\varphi_3}{2} \end{cases} \tag{4-13}$$

4.4.2　互层底板破坏规律数值分析

由采场的应力分布图及支承应力曲线可知,采场覆岩载荷在煤层开挖后向采空区两端的煤层内转移,且工作面前方煤层内支承应力随工作面的推进而增大。同时采空区底板在失去上覆载荷的作用后,垂直方向处于应力释放后状态,且获得了垂直方向上的位移空间。随着载荷向工作面前方转移,最大支承应力作用区域与应力释放区域逐渐形成明显的应力差,且底板在高应力的作用下发生塑性破坏。破坏后的底板在支承应力的作用下沿破坏面继续产生位移,同时高支承应力沿位移方向传递至采空区底板,进而促使采空区底板发生破坏并产生底鼓现象。

根据塑性力学分析可知,底板的破坏深度及破坏范围受支承应力大小决定。而从支承应力的分布曲线可知,支承应力随工作面推进而逐渐增大,直至趋于稳定。故每次开挖后,底板新增的破坏深度及破坏范围,也随工作面推进而逐渐增加,且在支承应力趋于稳定后,每次底板新增的破坏范围也将趋于规律化。从上文的支承应力图及应力分析已知,在工作面推进 50 m 以后,支承应力最大值开始趋近于稳定,且工作面前端支承应力分布趋于规律化,并在推进距离达到 80 m 时支承应力达到最大值 47.79 MPa。故可推断,工作面推进距离达到 50 m 以后,底板在工作面每次推进时,增加的破坏范围逐渐规律化,且底板破坏深度达到最大值。

图 4-29 所示为工作面从开切眼开始,推进 54 m 过程中的底板裂缝分布图,虚线所示范围为煤层开挖后的底板破坏区域。由于 2# 煤层的深度超过了 600 m,其原岩应力远大于浅埋煤层,高应力的作用使底板在开切眼贯通后便产生了破坏和相对滑移。由图 4-29(a)~(c)可知,在煤层开挖初期,底板破坏范围及破坏深度随工作面推进而快速扩大和增加。从开切眼至工作面推进 18 m 的过程中,底板最大破坏深度从 5.9 m 发展至 11.5 m,而底板破坏范围和图 4-29 中所示的滑移破坏区域基本保持一致。同时如图 4-30 中的底板位移分布图所示,底板在煤层开挖后产生底鼓现象,其底鼓量及底鼓范围随工作面推进而逐渐增加和扩大,且采空区两端底板在上覆岩层中三铰拱结构的横向应力作用下向采场两侧移动。从开切眼至工作面推进 18 m 的过程中,采空区最大底鼓量从 24.3 mm 增加到了 47.9 mm。

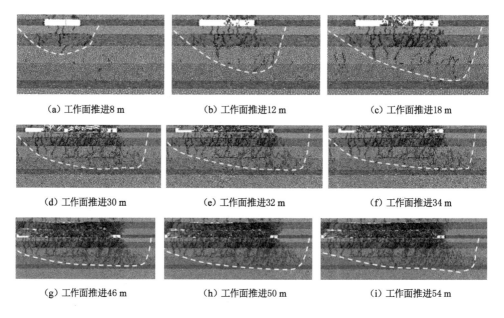

（a）工作面推进8 m   （b）工作面推进12 m   （c）工作面推进18 m

（d）工作面推进30 m   （e）工作面推进32 m   （f）工作面推进34 m

（g）工作面推进46 m   （h）工作面推进50 m   （i）工作面推进54 m

图 4-29 不同推进度下底板岩层破坏分布图

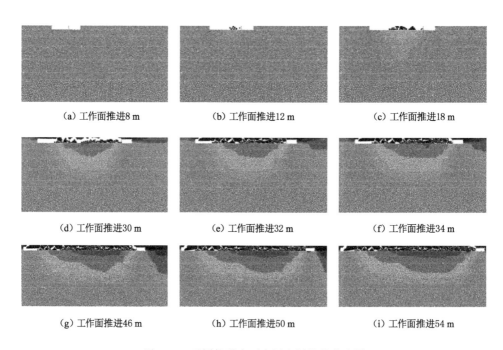

（a）工作面推进8 m   （b）工作面推进12 m   （c）工作面推进18 m

（d）工作面推进30 m   （e）工作面推进32 m   （f）工作面推进34 m

（g）工作面推进46 m   （h）工作面推进50 m   （i）工作面推进54 m

图 4-30 不同推进度下底板岩层位移分布图

如图 4-29 及图 4-30(d)～(f)所示,工作面推进距离达到 32 m 左右,即初次垮落前后,底板的破坏范围进一步发展,且破坏范围内底板的破坏程度进一步加剧,同时底板的最大底鼓量增加至 59.4 mm。但由于煤层与岩层的岩性差异较大,破坏产生的裂缝较难跨过岩层继续发展,故此时最大底板破坏深度增加相对较少。随着采空区范围增加及底板破坏程度上升,传递至采空区中心底板的水平方向拉应力逐渐下降,中心底板的水平位移量开始下降,但采空区两端底板的水平位移仍随支撑力的增加而增大。

如图 4-29 及图 4-30(g)～图 4-30(i)所示,随着工作面继续推进,覆岩的破坏逐渐规律化,工作面前端未开采煤层内的支承应力分布也逐渐规律化。随着支承应力达到最大值,底板最大破坏深度达到了最大值 13.82 m,且底板在工作面每次推进后新增破坏的范围也逐渐规律化。同时,随着覆岩的垮落和下压,采空区底板被破碎后的岩石覆盖,并在载荷作用下重新压实,故此时采空区底板的位移呈现中间小两边大的分布规律。根据底板最大破坏深度以及层间岩层的破坏范围可知,2#煤层开采后给下部煤层的巷道布置带来巨大挑战,因此下层位巷道所处应力环境对维护巷道稳定性至关重要。

4.5　本章小结

本章分别利用数值模拟与现场观测的方法对互层顶板工作面矿压规律与底板破坏范围进行探索,分析了软硬互层顶板工作面覆岩破断、应力演化以及来压规律等,具体结论如下:

(1)受岩层碎胀系数的影响,开采煤层厚度直接影响了覆岩的垮落及顶板的来压;数值模拟中由于岩层厚度远大于煤层厚度,覆岩的垮落主要集中在 H1 及 H2 岩层,同时模型中岩层的破断与垮落周期与液压支架的来压周期相符;直接顶 H1 和基本顶 H2 垮落后,基本顶主要以三铰拱结构维持稳定,且三铰拱结构随工作面推进而形成破断失稳—挤压重建—破断失稳的循环演变过程。

(2)采空区两端岩层应力在覆岩载荷转移后剧增,基本顶的破坏也愈加频繁,同时在软硬互层顶板结构的影响下,基本顶的来压十分不规律,因此基本顶的来压从一开始间距 12 m、14 m、10 m 发展到后期的无规律和高频次。

(3)基本顶的破坏方式以拉裂破坏为主,并伴随回转下沉、梯级式下沉等岩层变形;整体上,软硬互层结构中,软、硬覆岩的破坏是相互促进、连贯和协同的,因此软硬互层结构覆岩的整体力学强度明显低于其中的硬岩层力学强度。

(4)现场观测的各测线中工作面初次来压步距分布在 27.4～34.5 m 之间,平均初次来压步距为 30.9 m;各测线中工作面周期来压步距分布在 10.8～22.5 m 范围,周期来压步距离散性较大;支架动载系数分布在 1.12～1.57 之间,动载系数分布同样离散性较大,软硬互层顶板工作面来压步距与剧烈程度差异较大。

(5)支承应力在基本顶 H1～H8 初次破断后趋于稳定,每次工作面推进后新增底板破坏的范围也趋于规律化;依据复合结构塑性滑移线场理论计算得到的底板最大破坏深度理论值为 12.56 m,而通过数值模拟计算获得的底板最大破坏深度为 13.82 m,均超过层间岩层厚度,应关注下层位巷道围岩的稳定性。

第 5 章　互层顶板下近距离煤层下层位巷道布置研究

通过上述研究可知,互层顶板工作面具有来压剧烈、周期来压不规律以及顶板协同破坏的矿压特征,增加了煤层开采难度。同时,当近距离煤层的层间结构同样为互层岩体时,下层位煤层开采中顶板缺少厚而坚硬的岩层保护,在强矿压叠加应力作用下巷道布置将面临巨大考验。因此,本章将采用理论分析与数值计算相结合的方法对近距离煤层下层位巷道布置位置与支护方案进行优化研究。

5.1　互层顶板上层位煤柱稳定性分析

《煤矿安全规程》对"近距离煤层"有准确定义:煤层群层间距离较小,开采时相互有较大影响的煤层。通过第 4.4 节中的理论分析和数值计算结果可知,$2^{\#}$ 煤层开采后底板的最大破坏深度为 13.82 m,根据柱状图,$2^{\#}$ 煤层与下方 $5^{\#}$ 煤层的间距为 11.7 m,小于上层位煤层开采底板最大影响深度,显然 $2^{\#}$ 煤层的开采已经对 $5^{\#}$ 煤层回采产生影响。同时,$2^{\#}$ 煤层与 $5^{\#}$ 煤层的层间结构为互层岩体结构,缺少厚而坚硬的关键岩层,这给下位煤层的开采又增加了难度。因此,下层位煤层巷道的布置就显得尤为重要。近距离煤层开采下煤层时,回采工作面的稳定和安全性受巷道支护方式、布设位置及围岩情况共同影响。其中巷道与上煤层采空区的相对位置对下煤层巷道的稳定性起关键性作用,优化巷道的布置位置能在降低支护难度和降低围岩应力分布复杂性的同时保障巷道布设的安全性。

下层位煤层巷道布置位置又与上层位煤层的区段煤柱留设紧密相联,区段煤柱承载的支承压力将沿着底板向下传递,影响下层位煤层的应力状态。上层位煤层区段煤柱留设的宽度、煤柱周围岩层的强度以及层间结构都会影响底板的应力分布。通过现代矿压理论的分析可知,巷道围岩应力的复杂程度将直接影响和决定工作面回采过程中巷道的来压状态,故为控制巷道围岩的变形和破坏,考虑将下煤层巷道布设在上煤层未开采煤柱下方的应力降低区。煤柱周围岩层的强度与层间结构是地质赋存属性,在开采中很难改变,而煤柱的留设宽度是人为可控的,合理的煤柱留设宽度可以避免煤柱内应力集中与使底板应力影响最小。在分析上位煤层开采后遗留煤柱内集中应力在底板和下位煤层内的传递规律前,需对遗留煤柱的稳定性进行研究分析。

煤层开挖后,采空区两侧煤柱内支承压力整体上升,其分布规律呈采空区一侧向煤柱内部一侧逐渐降低的趋势。如图 5-1 所示,当下位煤层位于上位煤层采空区的一侧时,煤柱随着采空区的形成和应力的增加形成破裂区(Ⅰ)和塑性区(Ⅱ),同时应力随着往煤体深部降低而形成弹性区(Ⅲ)和原岩应力区(Ⅳ)[142]。在同等埋深、煤岩强度及岩层分布的情况下,下位巷道上方的煤柱状态与距采空区距离有直接关系。

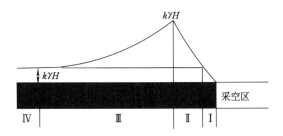

图 5-1　单侧采空区煤体内应力状态划分图

当煤柱两侧均为采空区时,煤柱内支承应力受两侧采空区顶板传递的侧向压力叠加作用,且叠加后的支承压力分布规律受采空区的相对位置影响。假设煤柱宽度为 B,单侧采空区顶板传递的侧向压力影响范围为 l_0,则上位煤层内煤柱可按宽度分为以下 3 种状态:

(1)上位煤层内煤柱宽度 $B \geqslant 2l_0$,此时煤柱两侧支承压力影响范围均未与另一侧煤柱的支承压力形成叠加,煤柱由两侧到中间依次可划分为破裂区、塑性区、弹性核区(应力值大于或等于原岩应力区),如图 5-2 所示。

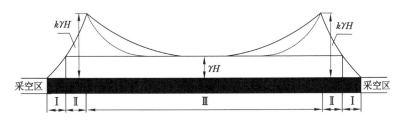

图 5-2　$B \geqslant 2l_0$ 双侧采空区煤体内应力状态划分图

(2)上位煤层内煤柱宽度 $l_0 < B < 2l_0$,此时煤柱两侧采空区顶板传递的侧向压力发生叠加,叠加区内煤柱的应力值相对单侧支承压力作用下的应力值上升,同时煤柱内的原岩应力区随着应力的叠加而消失。但支承应力的相互影响范围有限,煤柱内叠加区域的最大支承应力仍低于塑性区和弹性区分界点的峰值,此时煤柱状态仍可分为破裂区、塑性区、弹性核区,但弹性核内应力值均明显高于原岩应力。此时煤柱内的应力分布呈马鞍状,且由于弹性核的分布区域较大,煤柱相对比较稳定,如图 5-3 所示。

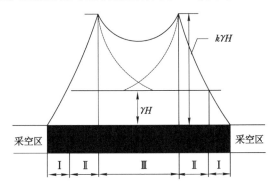

图 5-3　$l_0 < B < 2l_0$ 双侧采空区煤体内应力状态划分图

（3）上位煤层内煤柱宽度 $B < l_0$，此时由于两侧采空区的距离较近，煤柱两侧采空区顶板传递的侧向压力叠加程度明显增加，煤柱内叠加后的应力值也明显升高，部分区域叠加后的应力将达到或超过原临界点的应力峰值。如图 5-4 所示，临界点随着应力值超过原临界点应力峰值而向弹性区移动，弹性区的整体应力值较高，且和破裂区、塑性区共同形成尖峰状应力分布。由于临界点向弹性区的移动，叠加区应力再次上升且处于应力超过峰值的状态，这种情况下高应力反复作用，塑性区不断扩大，弹性区逐渐减小，直至煤柱完全处于塑性状态。当煤柱强度较低时，煤柱可能在下位煤层开挖时发生破坏和失稳。

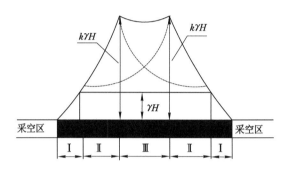

图 5-4 $B < l_0$ 双侧采空区煤体内应力状态划分图

在煤层开采后，煤柱的宽度远小于工作面推进长度，故在对煤柱的应力状态进行分析时可简化为平面问题研究结合文献［143］中建立的煤柱弹塑性区应力计算模型，可推导出单侧采空时的塑性区宽度 x_0 为：

$$x_0 = \frac{M}{2\tan\varphi_0} \ln \frac{K\gamma H + \dfrac{c_0}{\tan\varphi_0}}{\dfrac{c_0}{\tan\varphi_0} + \dfrac{p_1}{\lambda}}$$ （5-1）

式中　K——顶板支承压力集中系数；

　　　γ——岩体容重；

　　　H——开采深度；

　　　φ_0——煤岩交界处的内摩擦角；

　　　c_0——煤岩交界处的内聚力；

　　　λ——侧压系数；

　　　p_1——支架对煤帮的阻力；

　　　M——煤层厚度平均值。

在以上分析中已知，当煤柱宽度过小时，弹性核区部分区域相互叠加后的支承应力超过临界点峰值，弹性核区逐渐变小直至两侧塑性区贯通，此时随着塑性区的贯通，煤柱的稳定性逐渐下降。因此煤柱能维持稳定的条件是：上位煤层内煤柱宽度的弹性核区域宽度应为 1～2 倍的开采煤层高度[142]。故此时维持煤柱稳定的最小宽度 B 为：

$$B = 2x_0 + (1\sim2)M$$ （5-2）

根据地质资料，上层位 2# 煤层的厚度和埋深分别为 1.45 m 和 658 m，上覆岩层容重按常规选取 $\gamma = 25 \text{ kN/m}^3$，根据应力传递规律相关研究，假定按单独开采 2# 煤层计算所需煤柱宽度，顶板应力集中系数取 3.5，支架对煤帮的支护阻力取 0.2 MPa，内摩擦角与内聚力按室内试验所得结果确定,取 $\varphi_0 = 39°$、$c_0 = 9$,根据 $2^\#$ 煤层及顶板泊松比确定侧压系数,如式(5-3)所示。计算参数见表 5-1。

$$\lambda = \frac{\mu}{1-\mu} = \frac{(0.14+0.24)/2}{1-(0.14+0.24)/2} = 0.23 \qquad (5-3)$$

表 5-1　计算参数表

参数名称	M/m	K	H/m	$\varphi_0/(°)$	c_0/MPa	λ	p_1/MPa	$\gamma/(kN/m^3)$
参数值	1.45	3.5	658	39	9	0.23	0.2	25

$$x_0 = \frac{M}{2\tan\varphi_0}\ln\left[\frac{K\gamma H + \frac{c_0}{\tan\varphi_0}}{\frac{c_0}{\tan\varphi_0}+\frac{p_1}{\lambda}}\right] = \frac{1.45}{2\times\tan 39°} \cdot \frac{3.5\times25\times658+\frac{9}{\tan 39°}}{\frac{9}{\tan 39°}+\frac{0.2}{0.23}} = 7.59(m)$$

则 $2^\#$ 煤层区段煤柱宽度为:$B = 2x_0 + 2M = 2\times7.59 + 2\times1.45 = 18.08(m)$,考虑安全系数,区段煤柱宽度可取 20 m。

5.2　互层顶板上层位区段煤柱应力分布数值模拟

通过上述分析可知,下层位煤层开采巷道布置与上层位区段煤柱留设关系密切,上层位区段煤柱留设的宽度将直接影响煤柱内应力集中与底板应力分布特征。区段煤柱的上覆岩层与底板岩层均为互层岩体结构,互层顶板下区段煤柱的留设以及底板的应力分布特征将直接影响下层位巷道布置。为此,本节将结合 $2^\#$ 煤层与 $5^\#$ 煤层所处的综合地质柱状图建立互层顶板结构下近距离煤层开采模型,利用数值模拟技术分析区段煤柱留设与底板应力分布特征。

5.2.1　数值模拟建立与计算过程

本次数值模拟研究采用 FLAC3D 三维快速拉格朗日分析软件,该软件能较好地模拟地质材料在达到强度极限或屈服极限时产生的破坏或塑性流动的力学特性,特别适用于分析渐进破坏失稳及模拟大变形。软件可用于模拟三维土体、岩体或其他材料体的力学特性,包含多种弹塑性材料本构模型和多种计算模式,各模式之间可以相互耦合来模拟多种结构形式,广泛用于边坡稳定性评价、支护设计及评价、地下硐室、隧道工程、矿山工程等领域。在煤矿井工开采引起的巷道变形和采动应力的演化方面,该模拟软件有很强的突出优势。

以 $2^\#$ 煤层 2201 工作面和 2202 工作面的实际开采情况为背景,利用 FLAC3D 建立三维数值模型。由于工作面开采区域内 $2^\#$ 煤层与 $5^\#$ 煤层的起伏变化较小,平均倾角 $4°$,为近水平煤层,故在模型中简化为水平煤层处理。为在满足煤柱应力分析所需的网格划分密度的同时降低模拟计算的时间,再考虑工作面开挖时顶板应力的对称性分布,模拟中取工作面长度的 1/2 建模;同时考虑模拟计算的边界效应,在 $2^\#$ 煤层开挖工作面左右两侧分别留设 30 m 和 50 m 宽的实体煤柱。因此,结合图 2-2 工作面综合地质柱状图煤岩层分布情况,建立 320 m×80 m×73 m 的计算模型,如图 5-5 所示。

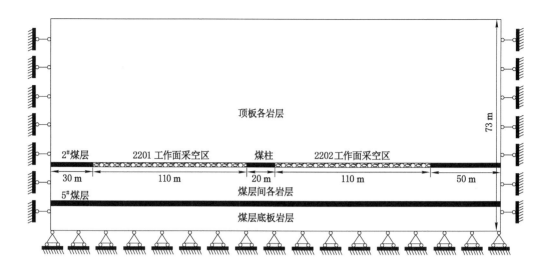

图 5-5　模型示意图

模型底部采用固支约束水平方向与垂直方向位移,模型侧面采用简支约束垂直方向位移,其中 x 方向边界约束 x 位移为 0,y 方向边界约束 y 位移为 0。模型上方有 608 m 岩层未列入模型中,岩层的平均容重取 25 kN/m³,重力加速度取 10 m/s²,因此在模型顶部施加面载荷 15.2 MPa。模型平衡后煤柱内分别设置垂直应力、水平应力、垂直位移以及水平位移的监测点。采空区垮落的矸石采用弹性体进行充填。数值计算模型如图 5-6 所示,模型共划分单元 556 900 个,节点 617 900 个。模型中采用的本构模型为一般用于分析煤岩剪切和拉伸破坏的莫尔-库仑(Mohr-Coulomb)本构模型,该本构模型具有运行速率高的优点。为了模拟层间岩体的互层结构,在各岩层间设置接触面。模型中煤岩层力学参数如表 5-2 所示。

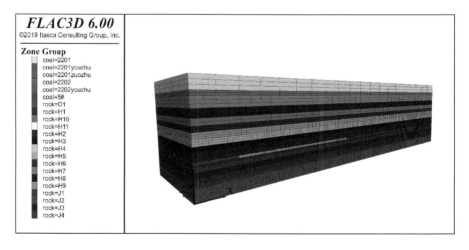

图 5-6　数值计算模型

表 5-2　数值模型煤岩力学参数表

岩性	体积模量/GPa	剪切模量/GPa	内聚力/MPa	内摩擦角/(°)	抗拉强度/MPa	密度/(kg/m³)	厚度/m
粉砂岩	8.87	6.93	20.4	39	5.15	2 107	8.94
含砾粗砂岩	7.61	5.24	12	40	2.95	2 596	3
泥岩	3.49	1.89	15.17	35	1.89	2 001	5.62
细粒砂岩	8.64	5.69	16.8	29	3.39	2 098	4
2#煤	0.56	0.53	9	39	2.35	1 335	1.45
粉砂质泥岩	4.21	2.53	17.27	36	2.18	2 002	2.6
碳质泥岩	2.17	1.18	14.87	37	1.89	2 001	3.75
5#煤	0.65	0.61	9	41	2.57	1 335	1.78

数值模型计算过程如下：初始模式下施加载荷计算至模型平衡→平衡后的模型中开挖 2#煤层 2201 工作面，循环开挖步距为 5 m，计算至平衡；平衡后对采空区进行充填，然后进行下一步开挖至平衡，共 10 个循环→2202 工作面开挖 10 个循环后至稳定。

数值模拟中 2#煤层中间的煤柱留设宽度分别为 5 m、10 m、15 m、20 m、25 m、30 m，以研究不同宽度煤柱内应力状态以及底板应力分布特征，确定互层顶板下近距离煤层开采最佳煤柱留设宽度。

5.2.2　煤柱应力状态与底板应力分布特征分析

图 5-7 所示为 2#煤层留设不同宽度区段煤柱垂直应力分布图。当煤柱宽度为 5 m 和 10 m 时，云图中垂直应力最大值分别为 42.8 MPa 和 34.2 MPa。应力集中区主要分布在煤柱中央，左右侧应力升高区发生重叠，此时煤柱极其不稳定。当煤柱宽度为 15 m 时，云图中垂直应力最大值为 27.9 MPa。此时，应力集中区呈"双耳"形状分布在煤柱两侧，应力升高区虽未重叠，但二者相互影响程度较高，煤柱稳定性相对较差。当煤柱宽度为 20 m 时，云图中垂直应力最大值为 22.2 MPa。此时，应力集中区的"双耳"面积减小，说明煤柱内应力集中程度降低，并且应力集中区相互影响程度减小，煤柱内弹性核区域增大，煤柱处于稳定状态。当煤柱宽度为 25 m 和 30 m 时，云图中垂直应力最大值分别为 20.9 MPa 和 19.7 MPa。此时，应力集中区"双耳"面积变化不大，应力集中区相互影响程度进一步减小，弹性核区域进一步增大，煤柱稳定状态变化不大。由于互层顶板工作面顶部缺少厚而坚硬的岩层，垮落的覆岩承载能量较弱，因此互层顶板下区段煤柱内应力相对较高。如图 5-7(a)所示，煤柱内的高应力将沿顶底板向两端传递，形成"应力泡"。应力泡内围岩应力升高，并沿顶底板向远处逐渐减小。当煤柱宽度增大时，相应的应力泡也逐渐变大，并且应力增长幅度逐渐变小。当煤柱宽度超过 20 m 时，应力泡大小和数值变化相对较小，应力传递结果趋于稳定。可见，互层顶板下区段煤柱留设的宽度将直接影响煤柱内应力集中程度与顶底板应力传递结果。当区段煤柱为 5 m 时，应力集中与应力传递结果最为明显，随着煤柱宽度的增加该现象逐渐减弱。当煤柱宽度大于 20 m 时，煤柱内应力集中与应力传递现象变化减弱，也就是说当区段煤柱留设宽度超过 20 m 时，煤柱内应力状态与对顶底板影响程度关系不大。

图 5-8(a)所示为不同宽度煤柱内监测点垂直应力变化曲线，横坐标为模型计算至结束

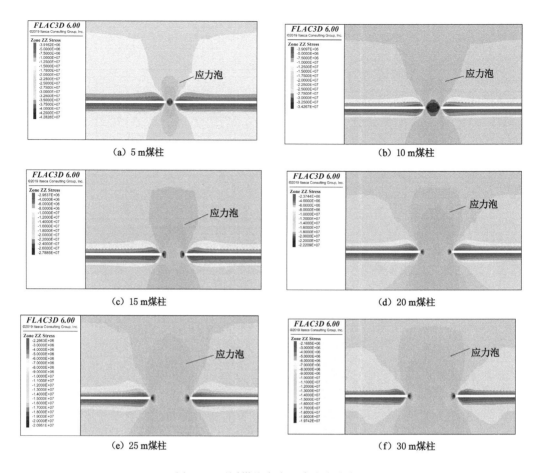

图 5-7　不同煤柱宽度垂直应力分布图

的全部时步。由图可知,计算初期各宽度煤柱内垂直应力区别不大并均保持在 7.5 MPa 左右,垂直应力增长平缓,这与工作面推进距离和监测点位置有一定关系。通过对垂直应力变化曲线拟合可知,当工作面推进距离超过 15 m 时,煤柱内垂直应力开始加速增长,应力增长速度可以分为三个梯度,5 m 煤柱垂直应力增长速度为第一梯度,10 m 煤柱和 15 m 煤柱垂直应力增长速度为第二梯度,20 m 煤柱、25 m 煤柱以及 30 m 煤柱垂直应力增长速度为第三梯度。第一梯度应力增长远大于其他梯度,煤柱内应力值与增速均较大;第二梯度内应力增速大幅下降,但煤柱内应力增速仍较大;第三阶段各宽度煤柱垂直应力拟合曲线相似,煤柱内应力值变化相近,应力增长相对缓和。5 m 煤柱监测点处垂直应力最大值为 43.76 MPa,10 m 至 30 m 煤柱垂直应力最大值分别为 33.08 MPa、27.76 MPa、22.62 MPa、20.71 MPa、19.26 MPa,应力降幅依次为 24.41%、16.08%、18.52%、8.44% 以及 7.00%。可见,煤柱宽度对煤柱内的垂直应力影响较为明显,当煤柱宽度超过 20 m 垂直应力变化程度较小。图 5-8(b)所示为监测点水平应力变化曲线,计算初期不同宽度煤柱内水平应力在 1.5 MPa 左右,工作面推进距离超过 15 m 时水平应力开始加速增长。根据水平应力拟合曲线,5 m 煤柱水平应力增长速度远大于其他煤柱,10 m 煤柱与 15 m 煤柱相比 5 m 煤柱水平应力增速明显降低。当煤柱宽度大于等于 20 m,水平应力增速基本相同,三条拟合曲线近乎重合。5 m 煤柱的水平应力最大值为 11.19 MPa，10 m 至 30 m 煤柱水平应力最大值分别为 7.78 MPa、6.71 MPa、6.20 MPa、5.95 MPa、5.68 MPa，应力降幅依次为 30.47%、13.75%、7.60%、4.03%、4.54%。煤柱宽度对煤柱内水平应力影响同样明显，当煤柱宽度大于 20 m 时水平应力变化较小。

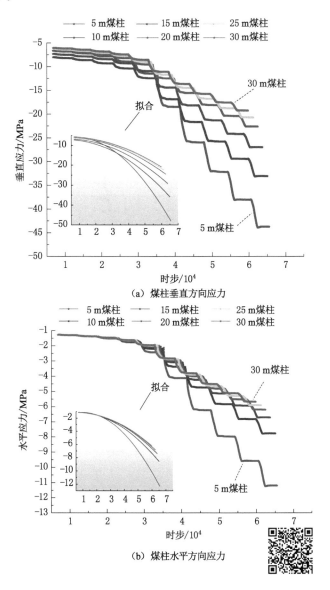

图 5-8　不同煤柱宽度应力变化曲线

　　图 5-9 所示为煤柱内监测点的垂直位移与水平位移，同一时步垂直方向位移大于水平方向位移。计算初期煤柱在水平方向位移变化较小，而垂直方向的位移对应力的反馈较为明显，呈稳定增长趋势。相比水平位移，不同宽度煤柱的垂直位移变化趋势更为接近，煤柱位移波动幅度较低。根据拟合曲线可以看出，煤柱宽度对垂直位移与水平位移影响程度较为明显，5 m 煤柱的垂直位移与水平位移增长速度最大，其次是 10 m 煤柱与 15 m 煤柱，煤柱宽度超过

20 m 后垂直位移与水平位移拟合曲线近乎重合,煤柱位移变化量差距不大。图中 5 m 煤柱的最大垂直位移为 0.138 m,10 m 至 30 m 煤柱最大垂直位移依次为 0.120 m、0.108 m、0.098 m、0.092 m 以及 0.087 m,垂直位移降幅依次为 13.04%、10.00%、9.26%、6.12% 以及 5.43%。5 m 煤柱的最大水平位移为 2.34 cm,10 m 至 30 m 煤柱最大垂直位移依次为 1.81 cm、1.45 cm、1.25 cm、1.10 cm 以及 0.99 cm,水平位移降幅依次为 22.65%、19.89%、13.79%、12.00% 以及 10.00%。根据煤柱垂直位移与水平位移最大变化值可知,煤柱宽度的增加将会减小垂直位移与水平位移量,5 m 煤柱的最大垂直与水平位移量最为突出,当煤柱宽度超过 20 m 位移量变化相对较小。

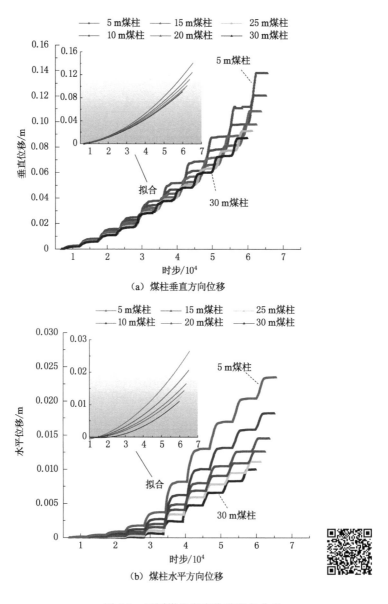

图 5-9　不同煤柱宽度位移变化曲线

图 5-10 所示为不同宽度煤柱底板监测线垂直应力变化曲线,监测线以煤柱中心为起点向左右两侧各布置 50 m。由图可知,底板同一截面上的垂直应力最大值均分布在煤柱的正下方,并从煤柱边缘开始减小至最低值后逐渐上升至稳定应力状态。值得注意的是,当煤柱宽度为 5 m 与 10 m 时,底板应力峰值位于煤柱中心位置呈"单峰"分布特征,此时煤柱内左右两侧应力峰重合,塑性区发生重叠,不存在弹性核。煤柱宽度增加后垂直应力峰值曲线由尖三角形转变为圆弧形,底板应力峰值区域宽度增大。当煤柱宽度达到 15 m 后,底板应力峰值位于煤柱两侧,呈"双峰"分布特征,并在煤柱中心形成较低应力的弹性区域。随着煤柱宽度的增加,垂直应力双峰宽度逐渐变大,峰值应力与煤柱中心应力也随之降低。煤柱中心低应力区曲线由"V"字形变为"U"字形分布特征,弹性核区域逐渐变大。煤柱区域外底板垂直应力迅速降低至最小值后逐渐上升,在煤柱两侧形成垂直应力降低区,下部煤层巷道应尽量布置在应力降低区,这与前面理论分析具有一致性。5 m 宽煤柱底板测线中最大垂直应力为 34.55 MPa,10 m 煤柱至 30 m 煤柱最大垂直应力依次为 28.24 MPa、21.56 MPa、18.27 MPa 以及 17.21 MPa。可见煤柱宽度对底板岩层内垂直应力大小影响显著,5 m 煤柱底板垂直应力值最大,煤柱宽度增加后垂直应力明显减小,当煤柱宽度达到 20 m 后底板垂直应力峰值变化趋于稳定。

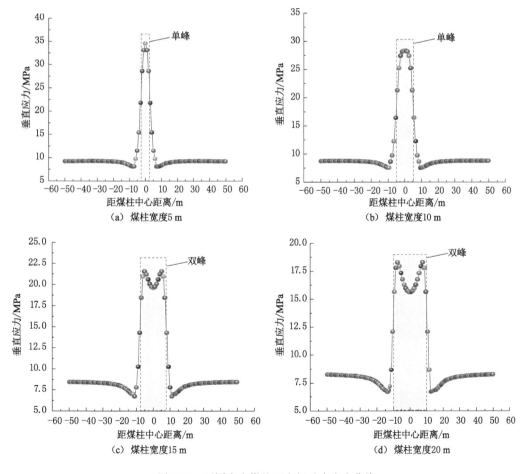

图 5-10　不同宽度煤柱下底板垂直应力曲线

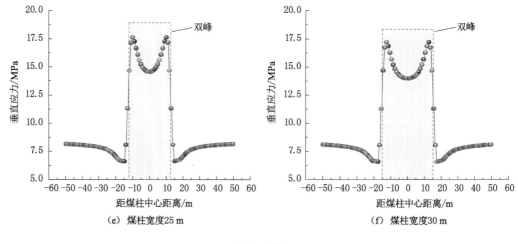

图 5-10（续）

综合对比分析不同宽度下煤柱垂直应力云图、应力曲线、位移曲线以及底板岩层垂直应力变化曲线可知，煤柱宽度的留设是影响其稳定性与底板岩层应力分布最直接因素。当煤柱宽度小于 10 m 时，煤柱内左右两侧支承应力峰发生重叠，煤柱内垂直应力、位移以及底板应力集中状态最为显著。但煤柱宽度达到 15 m 时，煤柱和底板岩层内应力集中现象明显减小，但中间形成的弹性核区域较小，煤柱稳定性相对较差。当煤柱宽度大于等于 20 m 时，煤柱内应力、位移以及底板岩层内应力变化较小，煤柱处于稳定状态。因此，互层顶板下近距离煤层上层位区段煤柱留设应不小于 20 m。

5.2.3 煤柱应力集中系数与应力影响角分析

利用 FLAC3D 内置 fish 函数定义应力集中系数 K 为煤层开采后垂直应力与初始平衡垂直应力的比值，将计算结果输出至 Tecplot 软件绘制底板岩层应力集中系数等值线图，如图 5-11 所示。煤柱宽度的变化直接影响煤柱和底板内应力集中系数情况，5 m 煤柱应力集中区域与系数值最大，整个煤柱均处于集中系数最大值范围。当煤柱宽度小于或等于 10 m 时底板应力等值线以"单气泡"形式分布在煤层下方，煤柱正下方为应力集中系数最大值，随着底板深度的增加集中系数值逐渐减小，各等值线呈正态分布趋势。同一水平截面内，应力集中系数同样在煤柱正下方最大，并向采空区方向逐渐减小。当煤柱宽度大于或等于 15 m 时，煤柱内应力集中系数呈现两端高中间低的分布，在煤柱中间处形成应力降低区。煤柱下方等值线图则以"双气泡"形式分布煤柱两端，在煤柱两端下方形成应力升高区。随着底板深度的增加双气泡逐渐变为单气泡，煤柱两端应力升高区影响范围发生重叠。在煤柱两端的正下方，随着底板深度增加应力集中系数逐渐减小，而在水平截面内以煤柱中心下方为起点向采空区方向，应力集中系数表现为先增大后减小的变化趋势。相比 10 m 及以下煤柱，当煤柱宽度达到 15 m 后煤柱下方应力集中系数变化梯度明显减小，煤柱正下方应力分布相对均匀。根据不同宽度煤柱顶底板影响范围可以发现，煤柱宽度越大其相应的等值线气泡越大，相应的应力影响范围也就越大。根据上述研究可知，互层顶板下近距离煤层开采下层位巷道应尽量布置在应力降低区内，因此结合应力集中系数等值线分布图，下层位巷道应布置在 $k<1$ 的区域范围内。

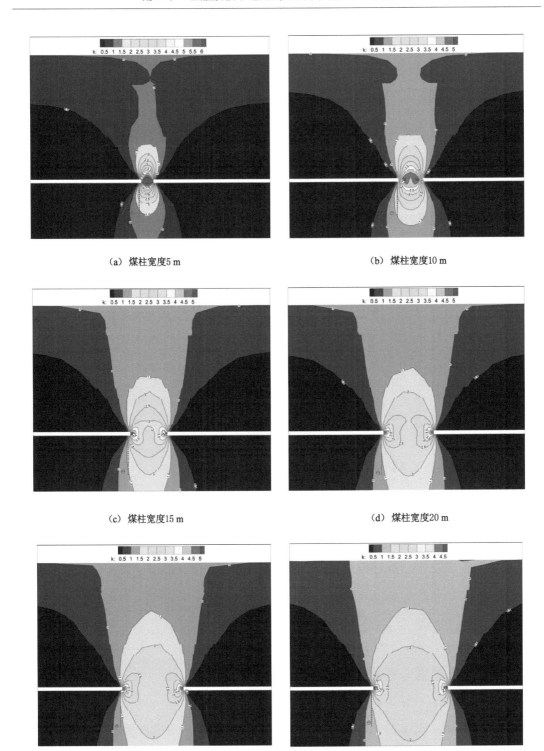

(a) 煤柱宽度5 m

(b) 煤柱宽度10 m

(c) 煤柱宽度15 m

(d) 煤柱宽度20 m

(e) 煤柱宽度25 m

(f) 煤柱宽度30 m

图 5-11　不同宽度煤柱下底板应力集中系数等值线图

根据垂直应力等值线的含义可以将 $k=1$ 等值线作为应力增高区与应力降低区分界线，则煤柱边缘与 $k=1$ 等值线切线的夹角称为应力影响角（θ），应力影响角可以反映煤柱对底板应力的影响范围。利用作图法分别量取不同宽度煤柱底板应力影响角，5～30 m 煤柱底板应力影响角分别为 $29.29°$、$24.45°$、$21.12°$、$18.34°$、$17.70°$ 以及 $17.12°$，影响角散点图如图 5-12 所示。由图可知，煤柱宽度变化对底板影响角的影响十分明显，煤柱宽度增加应力影响角随之减小，根据曲线斜率的变化可以看出，应力影响角呈现由快速减小向平稳变化的趋势。当煤柱宽度小于 20 m 时，应力影响角下降幅度分别为 16.52%、13.61% 以及 13.16%；煤柱宽度大于 20 m 时，应力影响角下降幅度分别为 6.30% 和 3.28%。可见，20 m 煤柱可以作为应力影响角变化的分界点，分界点前随煤柱宽度增加影响角大幅降低，分界点后随煤柱宽度增加影响角下降幅度较小。通过对煤柱宽度（L）与应力影响角变化图进行拟合，可以得到 5～30 m 宽煤柱底板应力影响角回归方程如式（5-4）所示，相关系数为 0.999。

$$\theta = 0.022\,9L^2 - 1.280\,81L + 35.068 \tag{5-4}$$

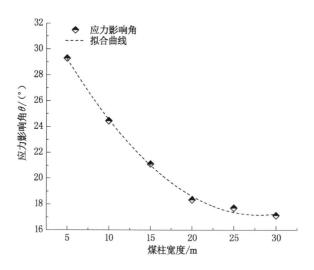

图 5-12　不同宽度煤柱底板应力影响角变化图

5.3　互层顶板下层位巷道布置位置研究

5.3.1　下层位巷道合理错距计算

通过前两节理论分析与数值模拟分析可知，煤柱的宽度将直接影响煤柱内应力集中与底板应力分布特征。当上层煤区段煤柱处于稳定状态时，应力将沿底板向下传递，在正下方形成应力升高区，并向着采空区方向随着与煤柱距离的增加，应力逐渐减小。当煤柱宽度大于 30 m 时，在煤柱中心处的正下方将会存在一定的应力降低区，近距离煤层开采时可将下层位回采巷道布置在此应力降低区。当煤柱宽度小于 30 m 时，煤柱两侧的应力升高区会发生重叠导致煤柱正下方均为应力升高区，此时不宜将回采巷道布置于煤柱正下方，而是采用内错或者外错的巷道布置形式。当采用外错式布置巷道时,上层位区段煤柱位于下层煤工作面正上方,区段煤柱内应力将沿中间岩层传递至下层位工作面。此时,中间岩层结构将直接影响下层位工作面的稳定性。由于 2# 煤层与 5# 煤层间为软硬互层结构,缺少厚而坚硬岩层,在上层位区段煤柱作用下工作面将在煤柱正下方形成应力集中,因此巷道外错布置工作面维护具有一定的困难。内错布置时通常将巷道布置在采空区下应力降低区与煤柱应力影响范围外,而合理的错距既可以维护巷道的稳定性又可以减少煤炭资源的损失,因此需要利用理论计算与数值分析的方法确定下层位巷道的合理错距。

上一节研究结果表明,针对该互层顶板下近距离煤层开采上层位工作面区段煤柱留设宽度达到 20 m 即可形成稳定结构,并且煤柱宽度继续增加后煤柱及底板岩层内应力变化程度较低。为此,在最大限度保证回收煤炭资源的情况下,上层位区段煤柱留设宽度可选用 20 m。应力影响角(θ)可以反映煤柱下方应力传递的影响范围,根据上一节应力等值线分布可知,20 m 煤柱底板应力影响角为 18.34°。为提高巷道的稳定性应将下层位回采巷道布置在上方区段煤柱应力影响区域外,因此可根据煤层间距(Z)与应力影响角(θ)计算下层位巷道的合理错距(D),如图 5-13 所示。2# 煤层与 5# 煤层的垂直间距为 11.7 m,则:

$$D = Z \cdot \tan \theta = 11.7 \times \tan 18.34° = 3.89 \text{(m)} \tag{5-5}$$

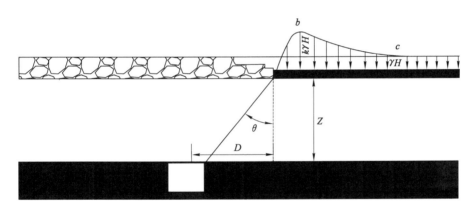

图 5-13　煤柱下应力集中边界

即为避开上方区段煤柱在底板煤岩层形成的应力集中区,下层位回采巷道与区段煤柱间垂直错距应不小于 3.89 m。同时,由于煤柱下方应力分布具有非均匀性,考虑一定安全系数(一般为 1.5),则下层位回采巷道的错距应不小于 5.84 m。

5.3.2　下层位巷道合理错距数值模拟研究

上述研究表明 2# 煤层区段煤柱留设宽度应不小于 20 m,为此在上一节 20 m 区段煤柱数值计算结果基础上分析下层位巷道应力状态与合理错距,模型中巷道错距分别为 0 m(垂直布置)、2.5 m、5 m、7.5 m、以及 10 m。图 5-14 所示为不同错距布置下层位巷道的垂直应力分布云图,根据垂直应力云图分布特征可知下层位巷道的错距直接影响围岩的应力状态。通过应力等势线分布特征可知,巷道开挖后分别在顶底板和两帮形成应力降低区与应力升高区,两帮应力升高区呈非对称分布特征,受区段煤柱影响巷道右帮垂直应力大于左帮垂直应力。特别是巷道与上方区段煤柱错距为 0 m 时,巷道右帮受区段煤柱影响最为明显,在右下角形成应力集中区,应力最大值为 21.59 MPa,应力影响深度为 0.79 m;当错距为 2.5 m 时应力集中区最大值为 21 MPa,影响深度为 0.63 m;当错距为 5 m 时,应力集中区最大值为 18.74 MPa,影响深度为 0.46 m。可见,随着巷道错距的增加区段煤柱对巷道垂直应力的影响程度与范围不断减小,当错距增加至 7.5 m 后巷道右帮应力集中区消失,垂直应力均匀分布。

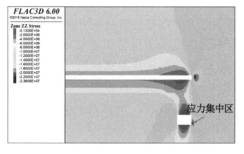

（a）巷道错距0 m

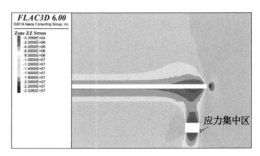

（b）巷道错距2.5 m

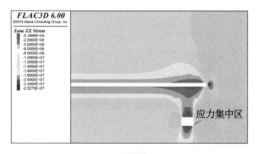

（c）巷道错距5 m

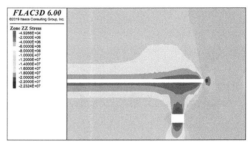

（d）巷道错距7.5 m

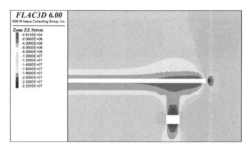

（e）巷道错距10 m

图 5-14　不同错距巷道垂直应力分布云图

图 5-15(a)所示为不同错距下巷道右帮测线垂直应力变化曲线,根据曲线整体应力变化特征可以看出,巷道右帮所受垂直应力与煤柱距离呈负相关关系,距离越近垂直应力越大。由曲线变化趋势可知,巷道临空面向岩体内部延伸过程中垂直应力逐渐减小,应力集中区发生在巷道临空面至内部 1.8 m 处,垂直应力最大值位于巷道边缘处。当距离临空面超过 3 m 时,垂直应力逐渐趋于稳定。巷道右帮垂直于煤柱边缘布置时,应力恢复区位于煤柱正下方,应力值基本维持恒定。当巷道内错于煤柱布置时,受煤柱应力传递角影响应力恢复区范围出现小幅上升趋势,但整体波动不大。值得注意的是,巷道错距 7.5 m 与 10 m

布置时,巷道右帮应力集中区曲线基本重合,应力恢复区受与煤柱距离缩短影响 7.5 m 错距垂直应力略有上升,但二者应力值差别不大,说明当巷道内错距离超过 7.5 m 即可避开煤柱应力影响区。图 5-15(b)所示为不同巷道错距顶板下沉量变化曲线,巷道错距同样对顶板下沉量影响显著,稳定步状态与最终计算结果的顶板下沉量均随巷道错距的增大逐渐减小。根据曲线整体分布特征可知,巷道错距 7.5 m 与错距 10 m 顶板下沉量变化基本相同,同样说明当巷道错距达到 7.5 m 后,煤柱应力对巷道顶板下沉量影响已经非常弱。

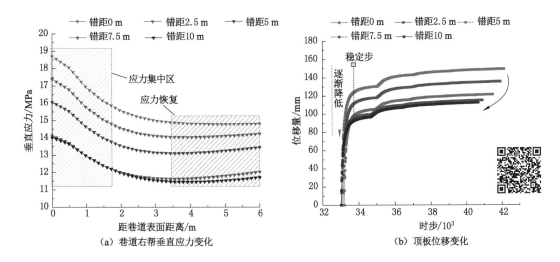

图 5-15　不同错距巷道围岩应力与位移变化曲线

近距离煤层开采时将巷道布置在采空区下可以有效减小巷道围岩应力,但在煤柱应力传递影响下,底板岩层将出现应力分布不均匀现象,煤柱向采空区过渡区域为应力不均匀分布主要影响区域。此区域内即使巷道处于应力降低区,在非均匀载荷作用下巷道同样维护困难。图 5-16 所示为不同错距下巷道切应力分布云图,为更好分析不同错距下巷道围岩应力均布情况,将色标正负值范围调整为相同。图中巷道围岩切应力主要集中在巷道的四个角处,其中巷道底部切应力大于顶部切应力。根据巷道左右两侧切应力集中区大小可以评判巷道左右应力均布状态,巷道与煤柱间水平距离直接影响巷道的应力均布状态,距离煤柱越近应力不均匀程度越大。当巷道与煤柱错距 0 m 时非均匀载荷最为严重,在巷道的左上角与右下角形成切应力增大区,左上角切应力集中区等势线与上方煤柱等势线存在一定重合区域,非均布载荷影响区域较大。当巷道与煤柱错距 2.5 m 时,切应力集中区面积有所减小,在巷道的左上角与右下角切应力影响范围有所增大。当巷道与煤柱错距 5 m 时,切应力集中区面积进一步减小,但巷道仍受非均布载荷影响,在巷道的右下角形成切应力扩大区。当巷道与煤柱错距 7.5 m 时,巷道左右切应力集中区呈对称式分布,并且切应力集中区分布范围基本相同,此时巷道围岩受煤柱非均布载荷影响程度极小。当巷道与煤柱错距 10 m 时,巷道左右应力集中区依然呈对称式分布,切应力集中区分布范围变化不大,巷道处于均布载荷应力状态。

图 5-17 给出了不同错距下巷道最大切应变分布云图。如图 5-17(a)所示,当巷道右帮垂直于煤柱边缘布置时最大切应变集中现象最为显著,分别在巷道的右帮与左上角形成应变集中区,最大切应变值为 0.68%。图 5-17(b)所示巷道与煤柱错距 2.5 m 时,同样在巷道

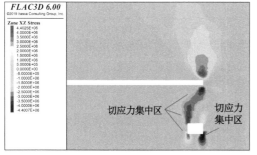

（a）巷道错距0 m

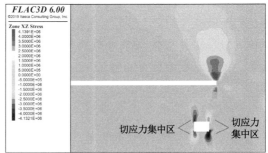

（b）巷道错距2.5 m

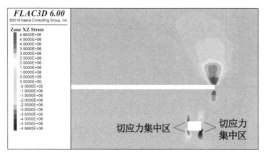

（c）巷道错距5 m

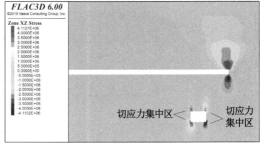

（d）巷道错距7.5 m

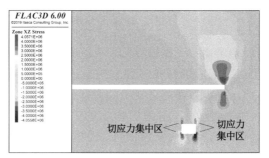

（e）巷道错距10 m

图 5-16　不同错距巷道切应力分布云图

右帮与左上角形成应最大切变集中区，相比垂直布置切应变集中区范围有所减小，最大切应变值为 0.56％。图 5-17(c)所示巷道与煤柱错距 5 m 时，巷道右帮与左上角切应变集中区范围进一步减小，最大切应变值为 0.48％。图 5-17(d)所示巷道与煤柱错距 7.5 m 时，巷道周围切应变集中区消失，巷道顶部及两帮最大切应变呈对称式分布，最大切应变值为 0.32％。图 5-17(e)所示巷道与煤柱错距 10 m 时，巷道周围最大切应变变化不大，依然呈对称式分布特征，最大切应变值为 0.31％。对比不同错距下巷道围岩最大切应变的分布特征可以发现，巷道与煤柱间水平距离越近最大切应变集中现象越明显，并且最大切应变值随着与煤柱间距离增大逐渐减小。当与煤柱错距达到 7.5 m 时，巷道围岩最大切应变则呈对称式分布，说明此时围岩所受应力为均布状态，并且错距进一步增长围岩的应力状态与应变值变化不大。

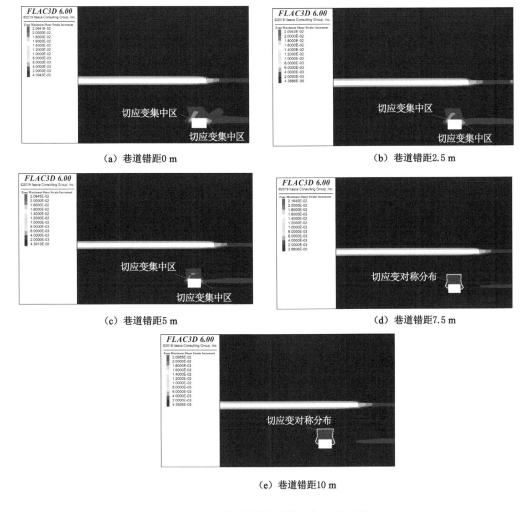

图 5-17　不同错距巷道最大切应变云图

　　综上所述,影响下层位巷道围岩稳定性的两个主要因素分别为应力集中与非均布载荷,通过围岩垂直应力云图与垂直应力变化曲线可以确定当巷道内错距离达到 7.5 m 后垂直应力基本稳定,并且巷道右下角应力集中区消失,围岩应力状态稳定。通过巷道切应力与切应变分布云图可以确定当错距达到 7.5 m 后,巷道两侧应力集中区与应变增长区均呈对称式分布,围岩处于均布载荷应力状态。因此,为保证下层位回采巷道的稳定性,内错距离应不小于 7.5 m。

5.4　互层顶板下层位巷道支护方案模拟研究

5.4.1　下层位巷道围岩控制技术分析

　　近距离煤层开采中影响下层位巷道围岩稳定性的因素主要包括两方面,首先是巷道周围应力分布环境,其次就是围岩的强度。其中,将巷道布置在应力相对较低并且分布均匀的位置是下层位巷道围岩控制的首要方法,其次就是巷道围岩强度加固措施。目前巷道围岩强度控制方法主要采用锚固方法,该围岩控制理论认为锚杆的作用是将巷道围岩锚固起来,一方面锚杆支护可以控制巷道表面围岩的变形,控制巷道表面围岩发生冒落;另一方面,通过锚杆结构可以强化巷道围岩自身的力学性质,提高煤岩体的内聚力、内摩擦角以及弹性模量等力学参数,同时锚杆可以控制围岩塑性区与破碎区进一步扩展,提高围岩承载能力,最终将围岩由受载体转变为承载体,最大限度发挥围岩自身的承载特性。通过前两章研究可知,上部 2# 煤层开采将对底板产生破坏作用,并改变底板互层岩体的应力环境。由之前理论分析与数值计算结果可得到,当下层位巷道内错于区段煤柱 7.5 m 布置时,可使巷道避开应力集中区并处于均布载荷状态。为此,本节将在此基础上对巷道围岩支护方案稳定性做进一步分析。

下层位 5# 煤层的巷道支护设计如图 5-18 所示。巷道支护采用锚杆＋锚索＋W 钢带＋金属网联合支护方法。巷道顶部布置锚杆 6 根,采用 $\phi 20$ mm×2 500 mm 的左旋无纵筋螺纹钢锚杆,边锚杆与竖直方向角度为 15°,锚杆间排距为 900 mm×1 000 mm;巷道帮布置锚杆 4 根,采用 $\phi 20$ mm×2 500 mm 的左旋无纵筋螺纹钢锚杆,两端锚杆与水平方向角度为 15°,锚杆间排距为 900 mm×1 000 mm,每条锚杆使用 1 支 MSK2350 型与 1 支 MSZ2350 型树脂锚固剂固定,其锚固力不得小于 100 kN。巷道顶部布置锚索 3 根,采用 $\phi 21.8$ mm×6 500 mm 的预应力左旋钢绞线,锚索间排距为 1 350 mm×2 000 mm,与顶锚杆交替布置,每条锚索线使用 1 支 MSK2350 型与 2 支 MSZ2350 型树脂锚固剂固定,其锚固力不得小于200 kN。顶板网采用钢塑复合网,规格为 6 200 mm×2 200 mm,帮网采用双向拉伸塑料网,规格为 3 200 mm×2 200 mm。

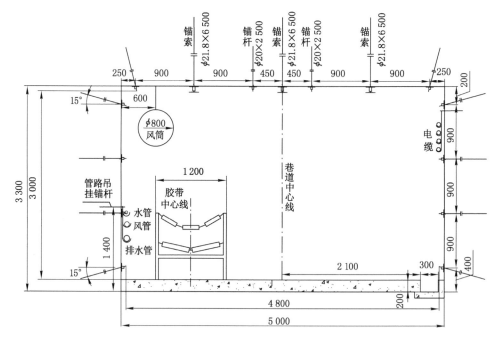

（a）巷道支护结构断面图

图 5-18　巷道支护参数图

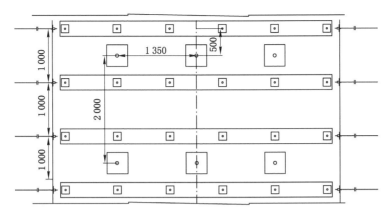

（b）巷道支护结构俯视图

图 5-18（续）

结合下层位巷道支护设计方案与生产工况,利用数值模拟方法对巷道支护效果进行分析,模拟采用循环开挖、支护的方法。图 5-19 给出了巷道围岩塑性区、最大主应力云图以及巷道顶板与右帮变形曲线图。图 5-19（a）所示为当前支护方案下围岩塑性区分布图,开挖后巷道的两帮与顶面形成了较大范围的塑性区,其中左帮塑性区达到 2.57 m,右帮塑性区达到 2.28 m,顶板塑性区达到 3.04 m,巷道顶板破坏深度大于两帮。分析塑性区破坏深度与锚杆长度,巷帮中部的锚杆处于失效状态,一根完全位于破坏区内,另一根端部未存在安全距离;顶部四根锚杆完全位于塑性区内,同样属于失效状态。这说明该支护方案围岩破碎程度较大,未能较好地提升围岩的整体性,围岩自身承载能力也同样未得到利用。图 5-19（b）所示为巷道围岩最大主应力分布云图,分别在巷道顶底板以及两帮形成拉应力集中区,其中拉应力最大值发生在顶板 1.18 m 范围内,应力值为 0.35 MPa;两帮拉应力影响深度分别为 0.79 m 与 0.83 m。这说明围岩受锚固结构约束力较低,围岩整体承载力较弱,同时由于围岩抗拉强度远低于抗压强度,更容易发生顶板冒落现象。图 5-19（c）所示为巷道顶板和帮部位移曲线,从巷道临空面向围岩深处位移逐渐减小并恢复稳定,巷道变形量增长影响深度为 3.2 m,其中顶板最大下沉量为 78 mm,右帮移近量为 31 mm,围岩整体变形量较大。

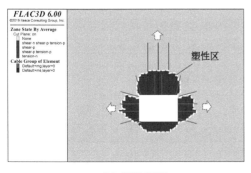

（a）塑性区云图

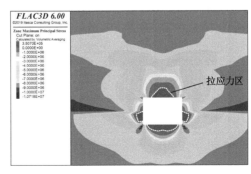

（b）最大主应力云图

图 5-19　巷道支护设计数值计算图

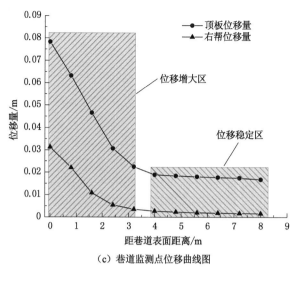

（c）巷道监测点位移曲线图

图 5-19（续）

综上所述，目前支护设计方案未能对巷道围岩形成有效控制与提升围岩自身承载力。初步分析原因为上方工作面采动影响下层位巷道顶板岩层，使之产生一定的破坏，同时中间岩层同样为互层岩体结构，在工作面动压影响下会产生协同变形，影响顶板的完整性，继而影响巷道围岩应力状态。因此，需要对巷道原支护方案进行优化分析。

5.4.2 下层位巷道支护设计优化

根据第3章与第4章研究可知，互层岩体的破断存在一定的协同性，软岩层承载能力较弱，率先发生破坏并拉伸硬岩层发生破断，整体表现为拉伸破断的方式。受工作面推进采动影响将在底板形成动压升高区，造成底板互层岩体形成采动破坏，受软硬互层结构影响，底板岩层将形成平行于工作面方向的拉伸破裂。因此，巷道支护优化出发点应从锚固结构的排距出发，减小锚杆与锚索的排距，继而减小层间岩体纵向拉裂对巷道围岩的影响。

优化设计中巷道断面支护结构与原设计方案相同，分别在顶板布置6根锚杆与3根锚索，在两帮各布置4根锚杆，锚杆与锚索的间距依然保持为900 mm与1 350 mm。其中锚杆的排距优化方案分别为900 mm、800 mm以及700 mm，锚索的排距优化方案为1 800 mm、1 600 mm以及1 400 mm，锚杆与锚索交替布置，详细优化方案如表5-3所示。

表 5-3 巷道支护设计优化方案

方案编号	锚杆长度/mm	顶锚杆数目	帮锚杆数目	锚杆间距/mm	锚杆排距/mm	锚索长度/mm	锚索数量/根	锚索间距/mm	锚索排距/mm
Ⅰ	2 500	6	4	900	900	6 500	3	1 350	1 800
Ⅱ	2 500	6	4	900	800	6 500	3	1 350	1 600
Ⅲ	2 500	6	4	900	700	6 500	3	1 350	1 400

图 5-20 所示为不同支护优化方案围岩塑性区云图,方案 I 中巷道顶部塑性破坏深度为 2.03 m,两帮最大塑性破坏深度为 1.98 m,相比原支护设计顶板塑性区范围明显减小,巷帮塑性区范围小幅度减小。观察围岩整体塑性区分布范围可以看出,锚杆与锚索排距的减小提高了围岩的整体性,将围岩应力均匀分布在巷道周边,使底板塑性区扩大,围岩整体塑性区由原支护方案的扇形转变为近似椭圆形。对比塑性区深度与锚杆作用深度可发现,方案 I 虽然增强了围岩的完整性,减小了顶板与两帮塑性区范围,但顶板和两帮仍有 4 根锚杆处于失效状态。方案 II 在排距进一步减小的情况下,围岩塑性区范围存在明显减小,其中顶板塑性区最大影响深度 1.45 m,巷帮塑性区最大影响深度 1.66 m,塑性区整体分布较均匀。对比锚杆长度可以看出,围岩顶板与两帮锚固范围均存在安全距离,锚杆整体锚固效果较好。方案 III 在排距更进一步减小时,围岩顶板与两帮塑性区范围均存在减小现象,但减小幅度较低。其中顶板塑性区最大影响深度 1.15 m,巷帮塑性区最大影响深度 1.34 m,围岩各锚杆锚固程度均较好。

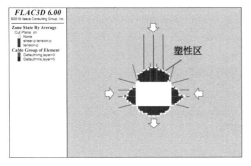

（a）方案 I

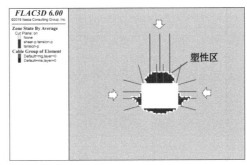

（b）方案 II

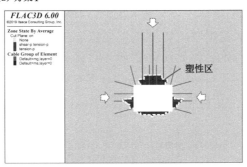

（c）方案 III

图 5-20　巷道围岩塑性区分布图

图 5-21 所示为巷道不同优化布置方案围岩最大主应力分布云图,方案 I 中锚杆、锚索排距的减小使顶板和两帮拉应力范围减小,其中顶板拉应力影响深度为 0.61 m,巷帮拉应力影响深度 0.65 m。排距的减小增强了锚固结构对顶板的约束,使拉应力区减小,但浅部围岩依旧处于拉伸状态,围岩整体承载性仍需进一步加强。方案 II 中在排距进一步减小后,围岩浅部由拉应力转变为压应力,说明锚固结构对围岩的控制较好,同时围岩整体承载能力也得到提升,表现为由围岩与锚固结构共同承载覆岩的压力。方案 III 中在排距更进一步减小后,浅部围岩依旧保持压应力状态,浅部围岩最小压应力由 0.096 MPa 提升至 0.115 MPa,变化幅度

较小。同时,分析围岩深部最大主应力分布特征可发现,方案Ⅱ与方案Ⅲ压应力整体分布区别不大,围岩整体承载力均较好。

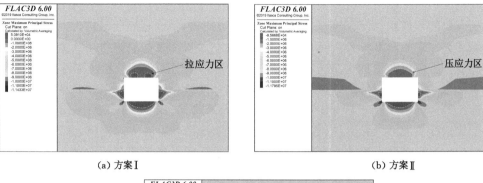

（a）方案Ⅰ　　　　　　　　　　　　（b）方案Ⅱ

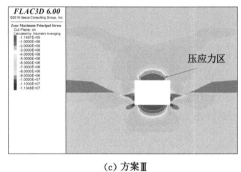

（c）方案Ⅲ

图 5-21　巷道最大主应力分布云图

图 5-22 所示为巷道不同优化布置方案下顶板和巷帮变形量曲线图,随着锚杆、锚索排距的减小围岩的变形量最大值逐渐减小,说明围岩稳定性不断增强。方案Ⅰ至方案Ⅲ顶板最大下沉量分别为 44.97 mm、29.40 mm 以及 21.77 mm,巷道右帮最大变形量分别为15.78 mm、9.15 mm 以及 7.13 mm。可见,当锚杆索布置排距为方案Ⅱ时围岩变形量得到有效控制,并且排距进一步减小后围岩变形量下降幅度较小。

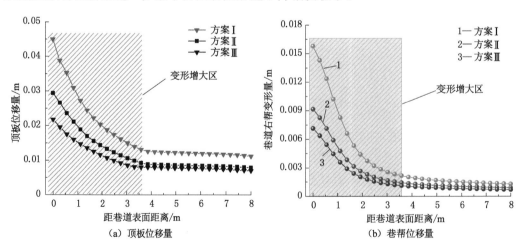

（a）顶板位移量　　　　　　　　　　　（b）巷帮位移量

图 5-22　巷道变形量曲线图

综上分析,锚杆、锚索排距的减小能有效减小围岩塑性区范围与巷道变形量,提升围岩整体承载性,有效提高了围岩的稳定性。对比分析结果,方案Ⅱ与方案Ⅲ可有效对下层位巷道围岩起到控制作用,同时考虑经济成本因素,方案Ⅱ为下层位巷道围岩支护最终方案。

5.5　本章小结

本章针对软硬互层顶板近距离煤层开采上层位区段煤柱留设与下层位巷道布置优化问题,以理论分析了上层位区段煤柱稳定状态所需宽度,开展不同宽度区段煤柱数值模拟研究,分析了煤柱内应力状态、底板应力分布以及应力影响角;同时,分析了下层位巷道不同错距下围岩应力状态,确定了巷道合理错距,并在此基础上对巷道支护方案进行了优化分析。具体结论如下:

(1)以理论分析了区段煤柱的塑性区宽度和煤柱稳定性,结合塑性区计算公式确定上层位区段煤柱留设宽度应不小于18.08 m,考虑一定安全系数,区段煤柱宽度可取20 m。

(2)通过对不同宽度区段煤柱进行模拟发现,当煤柱宽度从5 m增加至15 m过程中煤柱内应力集中区范围、应力值以及位移量均大幅下降;当煤柱宽度达到20 m后,随着煤柱宽度的增长煤柱内应力集中区范围、应力值以及位移量减小程度大幅降低,煤柱应力状态趋于稳定;底板垂直应力随煤柱宽度增加不断减小,当煤柱宽度达到20 m后,底板垂直应力峰值变化趋于稳定。

(3)根据应力集中系数等值线图,5 m与10 m煤柱整体均处于集中系数最大值范围,煤柱下方集中系数等值线以单气泡分布;当煤柱宽度达到15 m后,煤柱内应力集中系数呈两端高中间低分布特征,煤柱下方集中系数等值线呈双气泡分布;煤柱对底板的应力影响角随煤柱宽度增加不断减小,20 m区段煤柱底板应力影响角为18.34°。

(4)当巷道右帮垂直于煤柱边缘布置时受煤柱影响最大,巷帮垂直应力及顶板下沉量最大,并且所受非均布载荷最为明显;当错距达到7.5 m后,巷道可避开煤柱应力传递影响,巷道围岩垂直应力与顶板下沉量基本稳定,并且巷道切应力与最大切应变对称分布;下层位巷道内错距离应不小于7.5 m。

(5)通过对下层位巷道支护设计方案模拟研究发现,采用锚杆间排距900 mm×1 000 mm、锚索间排距1 350 mm×2 000 mm的布置方案围岩稳定性较差,通过优化锚杆与锚索排距的方法确定巷道采用锚杆间排距为900 mm×800 mm、锚索间排距为1 350 mm×1 600 mm布置方案可有效控制围岩并提升围岩承载性。

第6章 结论与展望

6.1 主要结论

本书以互层顶板工作面复杂矿压显现为工程背景,针对互层顶板工作面覆岩破坏与互层岩体近距离煤层巷道应力环境问题,综合采用室内试验研究、理论分析、数值模拟以及现场观测等研究手段,开展了互层顶板岩体破坏特征与下层位巷道布置优化研究,得到主要结论如下:

(1)开展不同软硬组合岩石力学特性研究,得到软硬组合岩体的强度介于软岩与硬岩强度之间,略大于软岩,远小于硬岩;软岩层强度决定组合试样整体强度,硬岩层占比增加会提高试样强度与弹性模量,但增长幅度较小。泥岩单体变形表现为非线性变化特征,砂岩单体表现为线性变化特征;强线性偏离阶段泥岩层径向应变存在减小趋势,砂岩层径向应变存在增长趋势,二者在该阶段内协同作用最为明显;组合岩样中砂岩层对泥岩层径向变形存在抑制作用,砂岩比例和层数的增加都会减小泥岩径向变形;同样,泥岩层占比增长也会促进砂岩层的径向变形。

(2)探索了不同软硬组合岩石破裂特性,得到单体泥岩、砂岩破坏以拉-剪和剪切为主;软硬组合岩体破坏以泥岩破坏为主,砂岩占比越大泥岩破坏越严重;组合体岩层间存在相互作用的切向力,在切向协同变形作用下各岩层发生拉伸破坏,并且泥岩层占比越大协同作用越强。分析了不同软硬组合岩石声学特征,泥岩单体与砂岩单体 AE 计数分布特征表明,砂岩的加速损伤主要发生在线性偏离阶段,泥岩的加速损伤主要发生在亚失稳阶段;软硬层状组合结构改变了泥岩与砂岩的损伤发育状态,使砂岩的加速损伤向峰后转移,使泥岩的加速损伤向峰前转移,二者损伤具有同步性;强线性偏离阶段,泥岩比例增加将会抑制砂岩的损伤,相反砂岩比例增加将促进泥岩损伤,并且组合体层数的增加也将增强二者的损伤协同性;亚失稳阶段,砂岩比例增加将提高组合岩体失稳的瞬时性,组合体层数的增加将增强试样失稳的延性。

(3)开展软岩互层顶板理论研究,互层顶板组合梁各分层的最大应力与其自身的弹性模量、厚度、倾角以及回采工作面长度等都存在直接关系。互层顶板中弱岩层易发生应力集中,更易先发生拉断破坏。进行软岩互层顶板相似模拟研究发现,软硬互层顶板的破坏以拉伸破坏为主,并且软岩层将带动硬岩层发生协同破坏,降低硬岩层的强度;基本顶在工作面推进 43 m 时达到极限跨距,随后表现为不规则垮落运动特征。2# 煤层开采对底板形成的应力环境改变将穿过层间岩层影响至 5# 煤层,在 5# 煤层内形成同样变化趋势的应力升高区与卸压稳定区。

(4)开展软岩互层顶板数值模拟研究,得到直接顶 H1 和基本顶 H2 垮落后,顶板主要以三铰拱结构维持稳定,且三铰拱结构随工作面推进而形成破断失稳—挤压重建—破断失稳的循环演变过程;开挖初期基本顶的来压步距为 12 m、14 m、10 m,随后表现为无规律和高频次;基本顶的破坏方式以拉裂破坏为主,并伴随回转下沉、梯级式下沉等岩层变形,软、硬覆岩间破坏相互协同促进,使互层结构岩体的强度低于单一岩层强度。现场矿压观测得知工作面初次来压步距分布在 27.4~34.5 m 范围,周期来压步距分布在 10.8~22.5 m 范围,动载系数分布在 1.12~1.57 之间,软硬互层顶板工作面来压步距与剧烈程度差异较大。依据复合结构塑性滑移线场理论计算得到的底板最大破坏深度理论值为 12.56 m,而通过数值模拟计算获得的底板最大破坏深度为 13.82 m,均超过煤层间岩层厚度,将影响下层位煤层开采。

(5) 结合塑性区计算公式确定上层位区段煤柱留设宽度应不小于 18.08 m。数值模拟发现,当煤柱宽度从 5 m 增加至 15 m 过程中煤柱内应力集中区范围、应力值以及位移量均大幅下降;当煤柱宽度达到 20 m 后,随着煤柱宽度的增加煤柱内各参量下降程度大幅降低,煤柱应力状态趋于稳定;底板垂直应力随煤柱宽度增加不断减小,当煤柱宽度达到 20 m后,底板垂直应力峰值变化趋于稳定。

(6) 通过应力集中系数等值线图发现,5 m 与 10 m 煤柱整体均处于集中系数最大范围,煤柱下方集中系数等值线以单气泡形态分布;当煤柱宽度达到 15 m 后,煤柱内应力集中系数呈两端高中间低分布特征,煤柱下方集中系数等值线呈双气泡形态分布;煤柱对底板的应力影响角随煤柱宽度增加不断减小,20 m 区段煤柱底板应力影响角为 18.34°。当巷道右帮垂直于煤柱边缘布置时受煤柱影响最大,巷帮垂直应力及顶板下沉量最大,并且所受非均布载荷最为明显;当错距达到 7.5 m 后,巷道可避开煤柱应力传递影响,巷道围岩垂直应力与顶板下沉量基本稳定,并且巷道切应力与最大切应变对称分布。通过优化锚杆与锚索排距的方法确定巷道采用锚杆间排距 900 mm×800 mm、锚索间排距 1 350 mm×1 600 mm 布置方案可有效控制围岩并提升围岩承载性。

6.2 主要创新点

(1) 在软硬互层岩体破坏问题上,以协同学角度分析互层岩体的变形特征,研究了不同软硬组合形式下组合岩体的应力特征、破裂方式以及声学特征,揭示了软硬互层岩体实验尺度下的协同破坏机理。

(2) 构建了基于组合梁理论的互层顶板结构力学模型,指出了互层顶板破断主控因素,揭示了互层顶板结构协同破断特征与矿压显现规律。推导了基于塑性滑移线场理论的互层底板最大破坏深度计算公式。

(3) 开展了互层顶板下区段煤柱稳定性分析,明确了互层顶板下区段煤柱应力分布特征与影响角,指出了互层顶板下近距离煤层下层位巷道布置方式,提出了互层顶板下层位巷道支护优化方案。

6.3 研究工作的局限及展望

本书对互层顶板的协同破坏特征与互层顶板下近距离煤层区段煤柱及下层位巷道布

置进行了研究,其中还存在不足,有待进一步的完善。

(1)软硬组合岩体加载试验中,仅讨论了单向加载应力路径下岩体的协同破坏特征,后续研究中应继续开展互层岩体三点弯曲与三轴加载试验,讨论互层岩体在拉伸应力以及三向应力条件下的协同破坏特征,进一步掌握软硬互层岩体的破坏特征。

(2)下层位巷道布置优化研究仅进行了理论分析与数值模拟研究,下一步将进行现场工业试验研究,并对理论与数值模拟研究结果进行验证,为类似互层顶板煤层开采的巷道位置选择与支护提供指导借鉴。

总之,本书在室内试验与数值模拟研究中还有一定的改进空间,后续研究中将进一步深入完善。

参 考 文 献

[1] 华安增,张子新.层状非连续岩体稳定学[M].徐州:中国矿业大学出版社,1997.

[2] LI H Y,YAP Y F,LOU J,et al. Conjugate heat transfer in stratified two-fluid flows with a growing deposit layer[J]. Applied thermal engineering,2017,113:215-228.

[3] SUCHOMEL R,MAŠÍN D. Probabilistic analyses of a strip footing on horizontally stratified sandy deposit using advanced constitutive model [J]. Computers and geotechnics,2011,38(3):363-374.

[4] HOU Z Y,HAO C B,XIAO F K,et al. Research on energy conversion and damage features of unloading instability of sandstone under high stress[J]. Advances in civil engineering,2021(3):6655968.

[5] HOEK E,BROWN E T. Underground excavations in rock[M]. London:The Institution of Mining and Metallurgy,1980.

[6] DUVEAU G,SHAO J F. A modified single plane of weakness theory for the failure of highly stratified rocks [J]. International journal of rock mechanics and mining sciences,1998,35(6):807-813.

[7] TIEN Y M,KUO M C. A failure criterion for transversely isotropic rocks[J]. International journal of rock mechanics and mining sciences,2001,38(3):399-412.

[8] TIEN Y M,TSAO P F. Preparation and mechanical properties of artificial transversely isotropic rock[J]. International Journal of Rock Mechanics and Mining Sciences,2000, 37(6):1001-1012.

[9] HOEK E. Strength of jointed rock masses[J]. Géotechnique,1983,33(3):187-223.

[10] YANG D C,GAO M Z,CHENG Y H,et al. Analysis on instability of surrounding rock in gob-side entry retaining with the character of soft rock composite roof[J]. Advanced materials research,2012,524/525/526/527:396-403.

[11] SHI X C,YANG X,MENG Y F,et al. An anisotropic strength model for layered rocks considering planes of weakness [J]. Rock mechanics and rock engineering, 2016,49(9):3783-3792.

[12] 肖福坤,于涵,侯志远,等.砂岩巴西劈裂破坏的位移场演化及能量耗散特征[J].黑龙江科技大学学报,2018,28(2):125-129.

[13] ASADI M,BAGHERIPOUR M H. Modified criteria for sliding and non-sliding failure of anisotropic jointed rocks[J]. International journal of rock mechanics and mining sciences,2015,73:95-101.

[14] 黄锋,周洋,李天勇,等.软硬互层岩体力学特性及破坏形态的室内试验研究[J].煤炭

学报.2019(S1):230-238.

[15] 鲜学福谭学术.层状岩体破坏机理[M].重庆:重庆大学出版社,1989.

[16] 宋建波.用 Hoek-Brown 准则估算层状岩体强度的方法[J].矿业研究与开发,2001,21(6):1-3.

[17] KAFSHDOOZ T,AKBARZADEH A,MAJDI SEGHINSARA A,et al. Role of probiotics in managing of helicobacter pylori infection:a review[J]. Drug research,2017,67(2):88-93.

[18] 刘军,秦四清,张倬元.缓倾角层状岩体失稳的尖点突变模型研究[J].岩土工程学报,2001,23(1):42-44.

[19] 张顶立,王悦汉,曲天智.夹层对层状岩体稳定性的影响分析[J].岩石力学与工程学报,2000,19(2):140-144.

[20] 沙鹏,赵逸文,高书宇,等.隧道层状岩体质量评价的 BQ 分级改进[J].工程地质学报,2020,28(5):942-950.

[21] 赵逸文.基于应力状态与结构面产状修正系数改进的层状岩体质量 BQ 分级研究[D].绍兴:绍兴文理学院,2020.

[22] 高敏.层状岩体破坏力学特性与本构模型研究[D].大连:大连理工大学,2020.

[23] 李良权,张春生,王伟.一种改进的各向异性 Hoek-Brown 强度准则[J].岩石力学与工程学报,2018,37(S1):3239-3246.

[24] 阳军生,张聪,肖小文,等.基于岩体层理特性的非线性抗剪强度准则研究[J].东北大学学报(自然科学版),2017,38(1):126-131.

[25] 张玉军,张思渊.对层状岩体使用修正的 Hoek-Brown 破坏准则的有限元分析[J].岩石力学与工程学报,2017,36(S1):3307-3313.

[26] 王建秀,邓沿生,吴林波,等.层状复合岩体的改进 Hoek-Brown 强度准则研究[J].人民长江,2018,49(23):97-101.

[27] 余振兴,俞缙,张建智,等.改进 H-B 准则的层状岩体隧洞塑性区半径与应力场分析[J].华侨大学学报(自然科学版),2018,39(2):192-197.

[28] 刘运思,傅鹤林,饶军应,等.基于 Hoek-Brown 准则对板岩抗拉强度研究[J].岩土工程学报,2013,35(6):1172-1177.

[29] 刘卡丁,张玉军.层状岩体剪切破坏面方向的影响因素[J].岩石力学与工程学报,2002,21(3):335-339.

[30] 杨春和,李银平.互层盐岩体的 Cosserat 介质扩展本构模型[J].岩石力学与工程学报,2005,24(23):4226-4232.

[31] 姚锡伟,周铆,陶盛宇.双弱面层状岩体本构模型及其工程应用[J].公路交通科技,2020,37(8):81-89.

[32] 史越,傅鹤林,伍毅敏,等.层状岩石单轴压缩损伤本构模型研究[J].华中科技大学学报(自然科学版),2020,48(9):126-132.

[33] 王者超,宗智,乔丽苹,等.横观各向同性岩石弹塑性本构模型与参数求解方法研究[J].岩土工程学报,2018,40(8):1457-1465.

[34] 肖福坤,李仁和,李连崇,等.分级恒定荷载作用下的煤体变形及内部损伤特性[J].黑

龙江科技大学学报,2020,30(1):1-7.

[35] 韩昌瑞,张波,白世伟,等.深埋隧道层状岩体弹塑性本构模型研究[J].岩土力学,2008,29(9):2404-2408.

[36] 黄书岭,丁秀丽,邬爱清,等.层状岩体多节理本构模型与试验验证[J].岩石力学与工程学报,2012,31(8):1627-1635.

[37] 左双英,史文兵,梁风,等.层状各向异性岩体破坏模式判据数值实现及工程应用[J].岩土工程学报,2015,37(S1):191-196.

[38] XU D P,FENG X T,CHEN D F,et al. Constitutive representation and damage degree index for the layered rock mass excavation response in underground openings[J]. Tunnelling and underground space technology,2017,64:133-145.

[39] WANG Z C,ZONG Z,QIAO L P,et al. Elastoplastic model for transversely isotropic rocks[J]. International journal of geomechanics,2018,18(2):04017149.

[40] AMADEI B. Importance of anisotropy when estimating and measuring in situ stresses in rock [J]. International journal of rock mechanics and mining sciences & geomechanics abstracts,1996,33(3):293-325.

[41] SEMNANI S J,WHITE J A,BORJA R I. Thermoplasticity and strain localization in transversely isotropic materials based on anisotropic critical state plasticity[J]. International journal for numerical and analytical methods in geomechanics,2016,40(18):2423-2449.

[42] TRZECIAK M,SONE H,DABROWSKI M. Long-term creep tests and viscoelastic constitutive modeling of lower Paleozoic shales from the Baltic Basin,N Poland[J]. International journal of rock mechanics and mining sciences,2018,112:139-157.

[43] PARISIO F. Constitutive and numerical modeling of anisotropic quasi-brittle shales [D]. Lausanne:EPFL,2016.

[44] PARISIO F,LALOUI L. Plastic-damage modeling of saturated quasi-brittle shales [J]. International journal of rock mechanics and mining sciences,2017,93:295-306.

[45] 张桂民,李银平,杨长来,等.软硬互层盐岩变形破损物理模拟试验研究[J].岩石力学与工程学报,2012,31(9):1813-1820.

[46] 侯振坤,杨春和,郭印同,等.单轴压缩下龙马溪组页岩各向异性特征研究[J].岩土力学,2015,36(9):2541-2550.

[47] 肖福坤,侯志远,何君,等.变角剪切下煤样力学特征及声发射特性[J].中国矿业大学学报,2018,47(4):822-829.

[48] 肖福坤,邢乐,侯志远,等.倾角影响下煤岩组合体的力学及声发射能量特性[J].黑龙江科技大学学报,2021,31(4):399-404.

[49] 贾长贵,陈军海,郭印同,等.层状页岩力学特性及其破坏模式研究[J].岩土力学,2013,34(S2):57-61.

[50] 张冬冬,智奥龙,李震,等.结构性效应对层状岩体力学特性与破坏特征的影响[J].煤炭科学技术,2022,50(4):124-131.

[51] 刘运思,何楚韶,王世鸣,等.冲击荷载下层状板岩拉伸破坏及能耗规律研究[J].应用

力学学报,2021,38(4):1373-1382.

[52] HAO C B,HOU Z Y,XIAO F K,et al. Experimental study on influence of borehole arrangement on energy conversion and acoustic characteristics of coal-like material sample[J]. Shock and vibration,2020(1):4790587

[53] 腾俊洋.多场耦合下层状岩体损伤破裂过程及隧道开挖损伤区评估[D].重庆:重庆大学,2017.

[54] ZHANG T,XU W Y,HUANG W,et al. Experimental study on mechanical properties of multi-layered rock mass and statistical damage constitutive model under hydraulic-mechanical coupling[J]. European journal of environmental and civil engineering,2023,27(6):2388-2398.

[55] HUANG W,WANG H L,ZHANG T,et al. Hydraulic pressure effect on mechanical properties and permeabilities of layered rock mass:an experimental study[J]. European journal of environmental and civil engineering,2023,27(6):2422-2433.

[56] ZUO S Y,ZHAO D L,ZHANG J,et al. Study on anisotropic mechanical properties and failure modes of layered rock using uniaxial compression test[J]. Journal of testing and evaluation,2021,49(5):3756-3775.

[57] YANG K,LYU X,FANG J J,et al. Mechanical properties and anchorage angle optimization of rock mass with a weak intercalated layer[J]. KSCE journal of civil engineering,2022,26(3):1111-1122.

[58] ZHAO T B,GUO W Y,TAN Y L,et al. Failure mechanism of layer-crack rock models with different vertical fissure geometric configurations under uniaxial compression[J]. Advances in mechanical engineering,2017,9(11):168781401773725.

[59] JIANG H P,JIANG A N,YANG X R,et al. Experimental investigation and statistical damage constitutive model on layered slate under thermal-mechanical condition[J]. Natural resources research,2022,31(1):443-461.

[60] LU J,YIN G Z,DENG B Z,et al. Permeability characteristics of layered composite coal-rock under true triaxial stress conditions[J]. Journal of natural gas science and engineering,2019,66:60-76.

[61] DEBECKER B,VERVOORT A. Two-dimensional discrete element simulations of the fracture behaviour of slate[J]. International journal of rock mechanics and mining sciences,2013,61:161-170.

[62] CHIU C C,WANG T T,WENG M C,et al. Modeling the anisotropic behavior of jointed rock mass using a modified smooth-joint model[J]. International journal of rock mechanics and mining sciences,2013,62:14-22.

[63] LIN H,CAO P,WANG Y X. Numerical simulation of a layered rock under triaxial compression[J]. International journal of rock mechanics and mining sciences,2013,60:12-18.

[64] 李华炜,刘玉德,董付科.大倾角煤层复合顶板综采面液压支架选型[J].煤矿安全,2011,42(3):91-93.

［65］ 常博,刘旭东,张传明,等.急倾斜煤岩互层巷道变形特征及机理研究[J].煤炭科学技术,2022,50(8):40-49.

［66］ 徐鹏,杨圣奇.复合岩层三轴压缩蠕变力学特性数值模拟研究[J].采矿与安全工程学报,2018,35(1):179-187.

［67］ 熊良宵,杨林德.互层状岩体黏弹塑性流变特性的数值分析[J].岩石力学与工程学报,2011,30(S1):2803-2809.

［68］ WEN S,ZHANG C S,CHANG Y L,et al. Dynamic compression characteristics of layered rock mass of significant strength changes in adjacent layers[J]. Journal of rock mechanics and geotechnical engineering,2020,12(2):353-365.

［69］ CAO R H,CAO P,FAN X,et al. An experimental and numerical study on mechanical behavior of ubiquitous-joint brittle rock-like specimens under uniaxial compression [J]. Rock mechanics and rock engineering,2016,49(11):4319-4338.

［70］ LI L C,TANG C A,WANG S Y. A numerical investigation of fracture infilling and spacing in layered rocks subjected to hydro-mechanical loading[J]. Rock mechanics and rock engineering,2012,45(5):753-765.

［71］ JOURDE H,FENART P,VINCHES M,et al. Relationship between the geometrical and structural properties of layered fractured rocks and their effective permeability tensor. A simulation study[J]. Journal of hydrology,2007,337(1/2):117-132.

［72］ HUANG L K,DONTSOV E,FU H F,et al. Hydraulic fracture height growth in layered rocks:perspective from DEM simulation of different propagation regimes[J]. International journal of solids and structures,2022,238:111395.

［73］ 贾蓬,唐春安,王述红.巷道层状岩层顶板破坏机理[J].煤炭学报,2006,31(1):11-15.

［74］ 高振亮.屯兰矿巷道复合顶板危险区判别与控制技术研究[D].北京:中国矿业大学(北京),2015.

［75］ 苏帅.大倾角复合顶板煤巷支护技术研究与应用[D].淮南:安徽理工大学,2018.

［76］ 王旭锋,汪洋,张东升.大倾角"三软"煤层巷道关键部位强化支护技术研究[J].采矿与安全工程学报,2017,34(2):208-213.

［77］ 罗霄.基于改进普氏平衡拱理论的层状顶板安全厚度研究[J].煤炭科学技术,2021,49(11):73-80.

［78］ 罗霄.煤巷复合层状顶板承载特性研究[D].北京:中国矿业大学(北京),2018.

［79］ 李鹏,来兴平,沈玉旭.层状顶板巷道锚索破断机理[J].西安科技大学学报,2021,41(4):608-615.

［80］ 贾后省.蝶叶塑性区穿透特性与层状顶板巷道冒顶机理研究[D].北京:中国矿业大学(北京),2015.

［81］ 贾后省,潘坤,李东发,等.含软弱夹层顶板采动巷道冒顶机理与控制方法[J].中国矿业大学学报,2022(1):67-76+89.

［82］ 郑志军.特厚煤层巷道顶板冒顶机理与控制技术研究[D].太原:太原理工大学,2017.

［83］ 肖宇.复合顶板采动巷道围岩蝶形破坏机理研究[D].湘潭:湖南科技大学,2020.

［84］ 张钰.复合顶板条件下工作面过陷落柱矿压显现规律研究[D].贵阳:贵州大学,2021.

[85] 唐龙,刘迅,屠洪盛,等.采动影响下大倾角复合顶板工作面矿压规律研究[J].煤炭科学技术,2022(11):58-66.

[86] 马新根.塔山煤矿复合坚硬顶板110工法关键技术及矿压规律研究[D].北京:中国矿业大学(北京),2019.

[87] HE M C,MA X G,YU B. Analysis of strata behavior process characteristics of gobside entry retaining with roof cutting and pressure releasing based on composite roof structure[J]. Shock and vibration,2019(1):2380342.

[88] 王辉.中厚多软弱夹层复合顶板巷道围岩破坏机理及支护研究[D].太原:太原理工大学,2017.

[89] 苏学贵.特厚复合顶板巷道支护结构与围岩稳定的耦合控制研究[D].太原:太原理工大学,2013.

[90] 马振乾.厚层软弱顶板巷道灾变机理及控制技术研究[D].北京:中国矿业大学(北京),2016.

[91] 马念杰,詹平,何广,等.顶板中软弱夹层对巷道稳定性影响研究[J].矿业工程研究,2009,24(4):1-4.

[92] 杨吉平.薄层状煤岩互层顶板巷道围岩控制机理及技术[D].徐州:中国矿业大学,2013.

[93] 余伟健,王卫军,文国华,等.深井复合顶板煤巷变形机理及控制对策[J].岩土工程学报,2012,34(8):1501-1508.

[94] 余伟健,王卫军,张农,等.深井煤巷厚层复合顶板整体变形机制及控制[J].中国矿业大学学报,2012,41(5):725-732.

[95] YANG W F,XIA X H. Study on mining failure law of the weak and weathered composite roof in a thin bedrock working face[J]. Journal of geophysics and engineering,2018,15(6):2370-2377.

[96] WANG P,ZHANG N,KAN J G,et al. Instability mode and control technology of surrounding rock in composite roof coal roadway under multiple dynamic pressure disturbances[J]. Geofluids,2022,2022:8694325.

[97] SOFIANOS A I,KAPENIS A P. Effect of strata thickness on the stability of an idealized bolted underground roof[C]. Mine Planning and Equipment Selection. 1996,Balkema,Rotterdam.

[98] SUN Z Q,FENG H,WANG W H,et al. Evolution mechanism and stability analysis of roof deflection of composite structure roadway under dynamic load disturbance[J]. Geotechnical and geological engineering,2022,40(3):1103-1119.

[99] CUI J F,WANG W J,YUAN C,et al. Study on deformation mechanism and supporting countermeasures of compound roofs in loose and weak coal roadways[J]. Advances in civil engineering,2020,2020(1):8827490.

[100] 鲁岩,刘长友.近距离煤层同采巷道混合布置参数分析[J].山东科技大学学报(自然科学版),2015,34(3):68-77.

[101] 陈金明.超近距离煤层工作面巷道优化布置研究[J].煤炭技术,2020,39(11):9-14.

[102] 孟浩.近距离煤层群下位煤层巷道布置优化研究[J].煤炭科学技术,2016,44(12): 44-50.

[103] 孟浩.基于能量释放法的近距离煤层巷道布置位置优化分析[J].煤矿安全,2018, 49(2):194-198.

[104] 张蓓,曹胜根.近距离煤层下煤层回采巷道位置优化[J].煤矿安全,2013,44(9): 58-60.

[105] 王涛,张刚,李金霞,等.近距离煤层开采巷道布置优化研究[J].矿业研究与开发, 2012,32(5):12-15+33.

[106] 张春雷,张勇.近距离煤层同时开采巷道布置优化研究[J].煤炭科学技术,2014, 42(10):53-56.

[107] 胡少轩,许兴亮,田素川,等.近距离煤层协同机理对下层煤巷道位置的优化[J].采矿 与安全工程学报,2016,33(6):1008-1013.

[108] 张辉,刘少伟,郑新旺.近距离煤层采空区下回采巷道位置优化与控制[J].河南理工 大学学报(自然科学版),2010,29(2):157-161.

[109] 索永录,商铁林,郑勇,等.极近距离煤层群下层煤工作面巷道合理布置位置数值模拟 [J].煤炭学报,2013,38(S2):277-282.

[110] 张炜,张东升,陈建本,等.极近距离煤层回采巷道合理位置确定[J].中国矿业大学学 报,2012,41(2):182-188.

[111] LIU A Q. Research on Reasonable Position of Roadway for close Multi-Seam and its Application[J]. Advanced materials research,2013,807/808/809:2393-2397.

[112] 王宏伟,姜耀东,赵毅鑫,等.基于能量法的近距煤层巷道合理位置确定[J].岩石力学 与工程学报,2015,34(S2):4023-4029.

[113] GAO S Y, ZHAO W S, ZHANG Y Q, et al. The reasonable layout position of roadway underlying legacy coal pillar in close-distance coal seams[J]. Electronic journal of geotechnical engineering,2016,21(1):151-161.

[114] YANG L, SHUAI Z, et al. Influence of a large pillar on the optimum roadway position in an extremely close coal seam[J]. Journal of engineering science and technology review,2016,9(1):159-166.

[115] ZHANG X Y, TU M. Study on the terminal line reasonable position of two coal seam under the down-protective layer pressure-relieved mining[J]. Applied mechanics and materials,2013,295/296/297/298:2913-2917.

[116] CUI F, JIA C, LAI X P, et al. Study on the law of fracture evolution under repeated mining of close-distance coal seams[J]. Energies,2020,13(22):6064.

[117] NING J G, WANG J, TAN Y L, et al. Mechanical mechanism of overlying strata breaking and development of fractured zone during close-distance coal seam group mining[J]. International journal of mining science and technology,2020,30(2): 207-215.

[118] LIU X J, LI X M, PAN W D. Analysis on the floor stress distribution and roadway position in the close distance coal seams[J]. Arabian journal of geosciences,2016,

9(2):83.

[119] LI X B,HE W R,XU Z H. Study on law of overlying strata breakage and migration in downward mining of extremely close coal seams by physical similarity simulation [J]. Advances in civil engineering,2020,2020(1):2898971.

[120] SUN Z Y,WU Y Z,LU Z G,et al. Stability analysis and derived control measures for rock surrounding a roadway in a lower coal seam under concentrated stress of a coal pillar[J]. Shock and vibration,2020,2020(1):6624983.

[121] 邢轲轲,万志军,张洪伟,等. 层状组合砂岩强度及变形特性试验研究[J]. 矿业研究与开发,2020,40(7):49-53.

[122] 侯志远. 预制孔洞缺陷煤样能量转化与引导规律研究[D]. 哈尔滨:黑龙江科技大学,2019.

[123] 肖福坤,王厚然,刘刚,等. 考虑损伤因子的岩石蠕变全过程模型研究[J]. 煤炭科学技术,2021,49(S2):322-327.

[124] 肖福坤,莫嵘桓,单磊,等. 岩石多级特征应力循环加卸载损伤特性研究[J/OL]. 采矿与安全工程学报,1-11[2024-11-19].

[125] 邓华锋,李涛,李建林,等. 层状岩体各向异性声学和力学参数计算方法研究[J]. 岩石力学与工程学报,2020,39(S1):2725-2732.

[126] HOU Z Y,XIAO F K,LIU G,et al. Mechanical properties and acoustic emission characteristics of unloading instability of sandstone under high stress[J]. Minerals,2022,12(6):722.

[127] 李晓. 岩石峰后力学特性及其损伤软化模型的研究与应用[D]. 徐州:中国矿业大学,1995.

[128] 尹小涛,葛修润,李春光,等. 加载速率对岩石材料力学行为的影响[J]. 岩石力学与工程学报,2010,29(S1):2610-2615.

[129] 王宁. 坚硬煤岩组合条件下冲击地压致灾机理及防治研究[D]. 北京:中国矿业大学(北京),2015.

[130] NING C Z. Nanolasers:current status of the trailblazer of synergetics[M]// Understanding Complex Systems. Cham:Springer International Publishing,2015.

[131] 刘刚,龙景奎,刘学强,等. 巷道稳定的协同学原理及应用技术[J]. 煤炭学报,2012,37(12):1975-1981.

[132] 马瑾,郭彦双. 失稳前断层加速协同化的实验室证据和地震实例[J]. 地震地质,2014,36(3):547-561.

[133] 肖福坤,侯志远,胡刚,等. 宏泰26B层回采巷道顶板的岩体质量分类[J]. 黑龙江科技大学学报,2018,28(1):1-6.

[134] 肖福坤,侯志远,于涵. 循环荷载下强冲击倾向煤样失稳的前兆信息分析[J]. 黑龙江科技大学学报,2017,27(4):371-377.

[135] JIN M A,SHERMAN S I,GUO Y S. Identification of meta-instable stress state based on experimental study of evolution of the temperature field during stick-slip instability on a 5° bending fault[J]. Science China earth sciences,2012,55(6):

869-881.

[136] 张士川.采动底板构造活化灾变前兆信息辨识及突水机理试验研究[D].青岛:山东科技大学,2018.

[137] 张士川,郭惟嘉,徐翠翠.缺陷岩体加速协同化破坏机制及前兆信息辨识[J].岩土力学,2018,39(3):889-898.

[138] 刘学晔.巷道中厚软弱岩层型复合顶板破坏机理及控制技术研究[D].太原:太原理工大学,2019.

[139] 何利辉.软弱煤岩互层顶板巷道稳定机理及控制[D].徐州:中国矿业大学,2013.

[140] 刘旺海.大倾角煤层长壁采场煤矸互层顶板破断机理研究[D].西安:西安科技大学,2020.

[141] 李昂,纪丙楠,牟谦,等.深部煤岩层复合结构底板破坏机制及应用研究[J].岩石力学与工程学报,2022,41(3):559-572.

[142] 钱鸣高,缪协兴,许家林,等.岩层控制中关键层的理论[M].徐州:中国矿业大学出版社,2000.

[143] 王春刚.冯家塔煤矿下煤层回采巷道布置及支护参数研究[D].西安:西安科技大学,2016.